身在泥泞之中，仍要仰望星空

王 辉

著

台海出版社

图书在版编目（CIP）数据

身在泥泞之中，仍要仰望星空 / 王辉著 . -- 北京 ：
台海出版社，2018.10

ISBN 978-7-5168-2119-0

Ⅰ . ①身… Ⅱ . ①王… Ⅲ . ①成功心理－通俗读物
Ⅳ . ① B848.4-49

中国版本图书馆CIP数据核字 (2018) 第213646号

身在泥泞之中，仍要仰望星空

著　者：王　辉

责任编辑：徐　玥　　　　　　　　装帧设计：末末美书
版式设计：末末美书　　　　　　　责任印制：蔡　旭

出版发行：台海出版社

地　址：北京市东城区景山东街 20 号　邮政编码：100009

电　话：010 － 64041652（发行，邮购）

传　真：010 － 84045799（总编室）

网　址：www.taimeng.org.cn/thcbs/default.htm

E-mail：thcbs@126.com

经　销：全国各地新华书店

印　刷：天津中印联印务有限公司

本书如有破损、缺页、装订错误，请与本社联系调换

开　本：710mm×1000mm　　　　1/16

字　数：239 千字　　　　　　　印　张：16

版　次：2018 年 10 月第 1 版　　印　次：2018 年 10 月第 1 次印刷

书　号：ISBN 978-7-5168-2119-0

定　价：45.00 元

在都市生活中，草根族、蚁族、上班族组成的这个庞大的群体，它无处不在而又悄无声息。其中的人们每天忙忙碌碌找寻自己的生活，为了自己的理想而奋斗，他们不因生活环境的恶劣而唉声叹气，也不因境遇不佳而沉沦……他们是最坚强的群体。在这个残酷的现实世界，任何的悲天悯人都是弱者的表现。作为社会的一员，我们应该奋起，而不是一味地屈从于现实的压力，庸庸碌碌地度过此生。

在通往成功的路上，我们每个人都是世界上独一无二的，并不因你的出身而有所区别。没有任何人能够替代我们的思想和行为，这是最重要的，我们必须认识到这一点。做自己命运的主宰者，承认自身所存在的某些不足和短处，并努力去改正它；做自己命运的主宰者，要相信自己，相信别人能做到的事，自己也能做到，而且会做得更好；做自己命运的主宰者，要超越自己，超越自己的平庸，超越失败，超越生命之外的某些东西，只有做自己命运的主宰者，才能感受一份拼搏的喜悦。

一个人的出身无法改变，但命运毕竟掌握在自己手中，我们要靠自己去改变。人之所以要求改变，肯定是对现状有所不满，这是前进的动力，也是最彻底、最原始的渴望。我们每个人都有着一种希望改变现状的决心和勇气，这是与生俱来的，也是现实冲击后的一种欲望。所以，我们要点燃自己心中的欲望，告诉自己：我要改变，我能成功。

有了这种欲望，我们还要有实际的行动，因为一切的改变都是建立在行动的基础上的。要行动，就得有目标，有行动的规范。行动有被动和主动之分，我们由于自身处于相对弱势的地位，所以要主动出击才有赢的机会。

一旦踏上改变命运的征程，就不要随便抱怨，因为一切的艰难困苦都是通向成功的必经之路。除此之外，你还要有坚定的信心和渴望成功的野心，这也是促使你最终成功的必备因素——尤其在事业最艰难的时候，信心和勇气是你的精神支柱。另外，为了不使自己陷入"除了激情，一无所有"的状态，摸索、寻找正确的做事方法也是非常重要的，也是通向成功大门的钥匙。

当今是知识经济时代，仅凭积累的经验难以应对风云变幻的市场和日新月异的社会。所以，学习也是必不可少的一个环节。我们虽然每日都在忙碌地生活，也要抽出时间学习，更新自己的知识，以适应社会的需要和潮流，保证自己不被社会所淘汰。

每个人都希望将来能有一番作为，改变命运，拥有财富、名声和一定的社会地位；即使努力了达不到这一目标，退而求其次，也能让自己过得更舒坦一些。

要想跳出我们目前的境况，光靠想是不行的，要用改变现状的策略和积极务实的行动来赢得将来。曾有人说："智者一切求自己，愚者一切求他人。"归根结底，要想改变自己的命运，"一切靠自己"永远是成功的不二法则。"流自己的汗，吃自己的饭。"郑板桥告诫儿子，无论世事如何变幻，人最后只能靠自己，而且，只有靠自己才能获得最大、最稳定的保障。所以，要改变自己的命运，你就要努力一把，拼搏一番，为自己赢得一个更加美好的明天。

★目录

第一章　这辈子只能这样吗

第一章

这辈子只能这样吗

拿什么拯救你的命运

三分天注定，七分靠打拼，每个人的命运都掌握在自己手中……一切都在一念之差，自信和勇气是面对一切困难的动力。

命运给你一个坎坷的童年，你要努力去改变；而含着金钥匙生在大富大贵之家的孩子，也不可能一生无忧。

人要有大志气，要奋力拼搏。在这方面，求伯君为当代迷茫的大学生做出了很好的表率作用。

20世纪80年代，大学毕业生求伯君在河北省徐水区物探局做了一名普通的财务人员。他在大学的时候就非常喜欢编程，工作后仍然初心不改，最大的业余爱好还是编程序，上班两个月后他就编出一个工资管理软件，用它代替烦琐的财务报表省不少事儿。这件事，让同事和领导对他刮目相看，但是由于当时计算机并不是很普及，因此，求伯君有才华却没有施展的空间，到最后只是叫好不叫座。

一次偶然的机会，求伯君获得一次去深圳出差的绝好机会，他这才发现自己的编程才能终于有了用武之地。经过一番思想斗争后，他不顾家人、同事和朋友的一致反对，承担了被开除和拒转关系的结果，毅然走出物探局，到深圳打拼。后来他成为金山软件的老总，并且被大家称作"软件业的民族英雄"。

不管干什么，都要有勇气和胆量。如果你敢把手中的箭对准月亮，也许就会射中老鹰，如果敢把箭对准老鹰，也许就会射中兔子；但如果你什么也不敢射，就只能一无所获。正所谓，立大志而得其中，立小志而不得。志气决定前途，胆量成就事业。没有人喜欢做一个默默无闻的人，一辈子受人摆布。很多人挣扎过、努力过，但是由于种种原因，他们放弃了，消磨了自己的雄心壮志，最终选择了屈服。但是，我们说，即使你的事业不能走到金字塔的最顶端，也不会停留在最底层，至少要敢想敢做，不断地前进。

1926 年，东京大学法律系毕业的大村文年，进入"三菱矿业"做了一名小职员。在公司为新人举行的欢迎会上，大村文年对一位与他同时进公司的同事说："看着吧，我将来一定会成为这家公司的总经理！"三十年后，大村文年以出色的业绩超过众多资深的干部与其他同事，当上"三菱矿业"的总经理。

大村由一名默默无闻的小职员，经过自己的努力，彻底改变了自己的命运。

1949 年的美国，有一个 24 岁的年轻人自信满满地走进美国通用汽车公司，开口就说要应聘会计的职位。人事主管却不幸地告诉他："目前只有一个财务空缺，而且这是一个累人而且枯燥的工作，一个新手很难应付。"谁知，年轻人听完后毫不犹豫地说："其实这算不了什么，这份工作将是我以后重点关注的一部分，通用汽车公司会了解到我足以胜任所有职位的超人能力。"人事主管在聘用这位年轻人后，对他的秘书说："这小子不简单，我可能刚刚雇用了通用汽车公司未来的董事长！"想来这位人事主管看人是比较准的，这个年轻人就是自 1981 年起担任通用汽车公司董事长的罗杰·史密斯。罗杰·史密斯在通用公司的第一位朋友韦斯甘回忆说："上班一个月后，罗杰一本正经地告诉我，他的奋斗目标就是成为通用汽车公司的总裁！"

面对人生，最重要的就是你要有面对并战胜困难的勇气。或许你目前只是个普通人，但是不必泄气，只要你敢想敢干，有着远大的志向和坚定的信念，就会将梦想照进现实，实现你人生的目标。

没有人愿意贫困一生

我们讨厌那种一成不变的生活状态，虽然无法通过改变马上获得某种成功，但经过个人努力是可以改变当下这种状态的。

普通人家的孩子只能大胆地往前走，就像当年"闯关东、走西口、下南洋"的人一样。他们知道"树挪死人挪活"的道理，在家乡看不到任何希望，于是就用自己的双脚为自己蹚出一条活路，为后代撑起一个希望。

就拿闯关东来说，那绝对是不折不扣的一代人的奋斗史。中国东北地区的黑龙江、吉林、辽宁三省，因地处山海关以东，长期以来一直被称为"关东"。清朝时，河北和山东一代的人，赶上闹饥荒和年景不好，实在活不下去，于是纷纷跑去关外寻找希望，他们的目的开始很简单——只要能活下去。据统计，前前后后总共有3000多万人进入关东地区。历经三百多年，那些不甘心挨饿的人前赴后继、历经艰辛，辗转来到寒冷而又充满希望的东北沃土上奋斗和创业，无意间创造了一段惊人的历史。

对于这段历史，也有着令人不寒而栗的真实描述："趁着月光，一家老小慌张出走，'当家的'挑着担子，前边的箩筐里睡着幼儿，后边的箩筐里盛着锅碗瓢盆。大道或小路上是一群又一群急匆匆的身影。他们挑着担子，推着小车，看到路旁的一具具白骨，耳边不时响起阵阵哀号……"

其实，现实的残酷远比文字的描述更让人心底一紧——整个路途不仅遥远，而且寒冷和饥饿也一直在考验着人的体魄和决心，还有山林中的猛兽和"胡子"（土匪）也会突然出现，时刻威胁着他们的生命……尽管如此，有的孩子在十二三岁的年纪，就敢于只身闯关东，甚至在失败两三次后，依然毫不动摇地继续"闯"，直至最后在那里安身立命。他们为什么如此千回百折之后仍然抱定这样的理想？只因他们不想安于现状，和自己世代无法改变的命运做不屈的抗争。

当时的东北三省地广人稀、沃野千里，照史书所讲：有自然之三不利：荒、矿、盐。也就是说，只要能克服这种恶劣的自然环境，之后就是"一劳永逸"般的幸福在向你招手：有数不清的免费资源可以利用，创富的机会便随之而来。那些千辛万苦跑到北大荒的人，他们凭借毅力在冰天雪地里开疆拓土、垦荒种地、淘金挖沙，打造自己的天地，不仅如此，他们还修建工矿铁路，就这样，勤劳的人在这里终于获得了巨大的成功。

下南洋也是如此，他们的经历是相似的，但结果都是一样获得了成功。其核心落在一个"闯"字上——敢于在陌生的环境中闯出一番自己的天地，向艰险的地方展示自己的能力，向有希望的地方努力前进，向有财富的地方毅然前行。他们在"闯"的过程中摸索、积累大量的经验，并随后付诸实施，逐渐求得财富和事业的发展壮大。套用鲁迅先生的一句名言："地上本没有路，走的人多了，也便成了路。"这句话是有其深刻社会意义的。

他们是勇于寻求改变的一群人，上天对这样一群顺势而为而非逆流而进的人，给的机会通常要多得多，这也是一个人行动的要诀之一。

普通大众只要能够认真做事，也可以让自己的命运彻底改变。致富的规律对他们和对其他人都是一样的，他们也可以很快就成为富人。

对每一个人而言，他们不应被固有的思维惯性和淡漠所羁绊，而应顺应时代的潮流，努力寻找并抓住机遇，勇于改变自己。如果想使自己的现在比过去富有，就务必要做新的尝试，获得改变的机会。

人们不是因财富的供应短缺而贫穷，财富资源的供应是可以无穷尽地加以开发的。

其实，就财富而言，通过精耕细作，欧盟国家所能生产的粮食、羊毛、棉花、亚麻和蚕丝，足以供应全世界所有人类而有余。这段话并不是要统计全球的财富，而是告诉你——世界上有很多财富和机会在等待你的到来，不要把自己的思维固定化，发挥你的智慧和能力，努力去争取吧，因为这其中也有属于你的一份儿。

一个人用自己的思考作用于外界环境，进而创造出能够改善自己和他人生活的有形之物，就是自己致富的一种方式。然后你用这种方式做事，那么你就会很快走上致富之路。

苦难是人生的一种资本

苦难是人生的老师，苦难是人生的经历，所有人都想避开它、挣脱它，可无论人们怎样的反抗与努力，它从不曾离开。生活中的幸福与苦难，我们有时无法左右，正如我们不能奢求一生中只有平坦大道而没有崎岖小路，走下来只有鲜花与喝彩，而没有荆棘与坎坷一样。

苦难是一种资本，这不是哗众取宠的一句话，而是被无数活生生的事例证明、并将被继续证明的一种事实。苦难能够激发人的斗志，产生出人头地的愿望。许多名人、成功者在成功后都是光环闪耀，其实背后的苦难和磨砺又有多少人关注？而这些才是现在能够聚焦光环的根基，很多人不学习他们背后的努力，只把目光停留在他们的光环上，这就给人一种错觉——名人、成功者是与生俱来的，这是大错特错的。

名人、成功者大都凭着一股忍劲儿和韧性，还有改变现状的坚毅信念，最终成为人中之杰。要不是为了还账，巴尔扎克或许不会每天工作 18 个小时。所以，艰难的生活是我们努力奋斗的动力，难怪连卡耐基也说："一个年轻人最大的财富莫过于出生于贫寒之家。"

其实贫困本是困厄人生的东西，但经由奋斗而脱离贫困，便是无上的快乐，正所谓风雨过后是彩虹。有人问卡西欧计算机公司创始人之一的樫尾忠雄："你获得成功的秘诀是什么？"他脱口而出："当然是贫困的生活。"他成功了，没有人对他们"苦难"的过去悲叹，他们的生命历程是令人羡慕的。苦中有乐，苦水能变甜，这正是人生的辩证法。因此，贫困是动力的源泉，也是通往财富的必经之路。掌握了人生的真谛，并有改变的想法，这就掌握了打开财富之门的钥匙。

其实，人生的意义就在于不断奋斗。勇于面对困难、克服困难，迎接下一个挑战的人，才是最后的赢家。如被称为英国第一雕刻家的魁丁·玛特孟斯原本是一位贫困的陶匠和蹄铁匠，但是他发愤研究艺术，用对艺术的爱和勤劳的美德，获得了巨大的成功。

所以，贫困并不可怕，反而是推你向前的动力，最可怕的是你放弃了，丧失了斗志。一个人如果想方设法努力奋斗，付出了劳动、精力、诚实和勤俭，就能改善自己的处境。所以不要抱怨，如果一个人的境遇不逼迫他工作，他对生活就容易满足，也容易失去奋斗的勇气。

其实，任何人都与财富有缘，穷人也不例外。一个穷人只要肯付出劳动、精力、诚实和勤俭，一定能改善自己的处境。相反，如果人总是把困难看作是与生俱来、无法改变的状态，并因此而整日唉声叹气，这就陷于自我的囹圄无法自拔了。真正有理想的人，能够为脱离艰难的境地而不断地去努力。在人类历史上，许多获得成功的卓越人物，大都是这样的，往往是因为向往更好的生活，勇于改变，最终经过不断进取，努力发挥自己的潜力，一步步走向成功和富裕，并成就伟业。

一个人如果一直受困于生活，其追求财富和成功的欲望和毅力会比一般人更强，由此激发的灵感和巧妙的构思也会层出不穷，因此更能发挥其潜能，赢得成功。贫困能给人们带来试图摆脱它的动力，进而为实现梦想而努力奋斗。

一个人在年轻的时候生活艰难一点其实没有什么关系，他只要有青春活力、有头脑，就拥有了一笔巨大的财富，而这也是绝好的锻炼人的环境。每一个人都想脱离艰难生活，世界上再也没有比极力致富这种行动更强大的力量了。因此，年轻时应该感谢生活的艰难，因为它给你带来努力与希望，它让你的青春充满力量。

要生存就要战胜自己

　　生存是一种状态，是自己的事情，所以作为草根的我们不要抱怨自己的状态不好，只要努力，一切都可以改变。

　　我们的生命就像一道被铁链锁上门的城墙，而站在大门前的你常常感到茫然无措，觉得自己如此渺小，以至于根本无法窥视这庞大的空间到底能容纳多少东西以及里面是怎样的场景布置。其实，这些让我们深刻体会到某种痛苦或者折磨的东西，它们存在的意义就是，当我们有窥视生命的欲望而又不得其法的时候，总会激励我们硬着头皮想尽办法一定要实现这种愿望。

　　这其实是一种折磨，当你能够用自我折磨的态度来对待自己的时候，你就掌握了更多关于生命的奥秘。只有领悟到了这一层，你才能明白生命中到底存在些什么东西让我们如此痴迷。自我折磨就是挑战自我，它让我们的生命及其意志有了清晰显现的可能，真正触及生活的本来面目。

　　我们常说："人在苦中练，刀在石上磨。"历经磨难会让你拥有一颗强大的内心和坚强不屈的意志，以及由此产生的改变命运的勇气和毅力。在一个人的成长过程中，磨难不仅仅是来源于别人善意或者恶意的施压，更应是你内心一种渴望突破的本能，也就是说，要更好地存活于世上，就要有战胜自己的决心和勇气。

战胜自己要正视自己的现状，那些与生俱来的先天环境、条件等，以及你无法选择的环境，挡在面前的实际困难，它们会给你设置前进的路障，是你事业成功的绊脚石——也是砥砺你精神和意志的磨刀石。然而，你不能总是依赖你身边的家人、师长、朋友，要学会自己想办法应对各种挑战。此时，即使你的实力不能强于对手，但起码你的损失会减到最小，更重要的是，你会一天天强大起来。

最令人失望的是生活中有人说："何必呢，这完全是一种自讨苦吃的行为，其实我们完全可以生活得更好。"是的，这种看似虐待自己的行为在心理学上被视为反常的行为，自我挑战被很多人认为是多余的，而且普通大众都有追求感官快乐的自然倾向。但是，不要忘了——吃得苦中苦，方能甜上甜。自我挑战通常是通往感官快乐的云梯，很多人无法拨开迷雾见真相。

如果你是一个热爱观察生活的人，你就会发现，那些能够牵引一部分人乐此不疲地身心投入的，往往是些充斥着自我挑战意味的事物。例如，挑战极限的体能运动，让身体和意志达到极限的考验。假如这一切仅仅是一种自我挑战的话，那么为何勇者们会如此地乐此不疲？有人会心神向往，那一定是因为他曾体会到自我挑战之后的那些快乐，而那些快乐给予他的感受一定是其他快乐不能比拟的。

有一个活生生的例子：林书逸的生活实在是再好不过了，年纪轻轻就已经是当地知名的广播节目主持人，也有了固定的受众群体。他从一名普通的毕业生，成长为一个受人尊敬的著名播音员，成就了他的栏目，也成为领导重点培养的公司骨干之一，看起来似乎是一帆风顺、前途无量。生活一直在向他展现最美好的一面，他似乎是个天生的幸运儿。

然而，林书逸没有因此而沉迷在自己优越的环境中，他喜欢的是不断征服时的成就感和紧迫感，当生活安逸到没有任何挑战的时候，他的不安和焦虑却与日俱增。

最终，他做出了一个出乎意料的举动，他给领导递上了辞职信，他打算到电视台寻找新的方向。于是，不断有"好心人"给林书逸做思想工作，大家都认为，他目前的状态是最好的：有前途的工作，又有大批粉丝听众，何等令人艳羡？而且，到了新的工作环境他还要从头开始，实在不值得。

林书逸却不为所动，他坚定了自己的想法，毅然放弃了现在的一切，决心一切从头开始。对于电视这个行业，做广播的他算是一个新人，但是他却未曾用新人的标准要求自己，他不放过任何一个细节，他也会强迫自己像一个娴熟的资深电视人一样做到最好。在周围人的一片叹息和质疑声中，他继续着自己的理想。

机会总会光顾有准备和有毅力的人，林书逸没有辜负自己对自己的期望。短短两年，他从一名优秀的播音主持人成功地转化为一名出色的电视节目主持人，人们纷纷转而感慨幸运之神实在是太过宠爱他了，却没有人关注他背后所做的努力。也许，当别人一脸满足地窝在沙发上看电视打发时间的时候；当别人无所事事地同朋友侃大山的时候；当别人把时间荒废在那些虚无缥缈的游戏里的时候，幸运之神也就匆匆而过了。

总是放松自己，为自己的所作所为寻找理由、原谅自己的行为，同时对于别人的进步自己也没有任何紧迫感，那么你就不要再继续抱怨命运对你不公了。因为是你自己没能把握自己的方向，是你把自己置于一个被动的局面，一次次让机会溜走，怨不得别人。

正是由于你对自己没有任何向上的要求，也就永远没有办法体会到征服自己的快乐和满足。或者我们也可以说经历过自我挑战和未经自我挑战的人会有一个重大区别，那就是，一个体验到了生命的真实意义，一个浑浑噩噩，了此一生，平淡收场。

奥斯特洛夫斯基说："人的生命只有一次，当他回首往事时，不因碌碌无为而羞愧……"生命对每个人只有一次，因此都是宝贵的。更重要的是，我们都拥有着生命的无限可能。然而，在这有限的生命里，究竟能发挥多大的潜力，取决于你对生活的态度。只有不想碌碌无为的人才会真正体验到这种快乐。做到这一点其实很容易——战胜自己，战胜自己安于现状的惰性，如果你做不到这一点，生活会背转身，给你一个凄凉的背影。

不应该只做绿叶

我们都可以做主角，我们不是这个世界的陪衬，在这个全球追求个性化和差异化的大背景下，我们要做自己的主人，做掌握自己的命运之神。

我国历史上有着非常著名的一句话，是"穷且益坚，不坠青云之志"，这是怎样的一种豪迈气概，可以说，许许多多的中国人深受这句话的影响。坚信的人便可以成为有为者，因为他相信可以通过自己的努力改变命运。

当然，让人感到高兴的是，我们见到的更多是"穷且益坚，不坠青云之志"的人，这些人通过自身的努力，在自己聚集财富，为他人创造工作机会的同时，也努力推动着社会的不断向前发展，是社会发展的主流力量。

草根阶层在极度贫困的境况下，内心深处的动力和志向被彻底激发，并依靠勇气和胆识努力改变这种状态，从而构成了推动社会向前发展的动力之源。总而言之，困苦虽然不是件好事情，但也有人乐于贫困。所以有人自愿放弃优越的都市生活，回归乡村、回归自然，过一种简朴的生活。

而当人们为了一日三餐而辛苦奔波时，最容易产生分化：大部分人被现状压垮，选择了屈服，从而进一步安于现状。比如，在 20 世纪 50 年代末期至 60 年代初期，整个中国都处于非常困难的时期，很多农民为了不饿肚子而外出逃荒。画家罗中立在 20 世纪 80 年代曾经画过一幅表现四川农民逃荒讨饭的油画，在当时引起强烈的社会反响。当时的情况连吃饱肚子都是一种奢望，更遑论"志向"。所幸的是，今天的中国早已不是那样的时代，就连最偏远的乡村百姓也已经不再为基本的生存条件而发愁。整个中国，今天都是为了提高生活质量，求发展而奋斗。

许多先驱和伟人为我们做出了榜样：秦末农民起义领袖陈胜、吴广，原本是失去自由的囚徒，却发出了"王侯将相，宁有种乎"的惊天一吼，最终在中国历史上留下了浓墨重彩的一笔。美国独立战争时期的重要领导者平民总统林肯，早年不过是靠为人擦皮鞋糊口的穷小子，就因为从小有远大抱负，不甘心庸碌一生，凭借个人努力和坚忍不拔的意志，最终成为美国历史上伟大的人物之一。

中外历史上许多富豪都是出身寒门、赤手空拳打天下的典范，比如日本著名企业家松下幸之助；我国著名民营企业界代表人物刘永好，等等。他们的一个共同特征就是，不甘于受命运的摆布而奋斗的人。

抛弃你固有的观念

有人认为贫穷就是一无所有，其实这种想法是错误的，至少是片面的。它把贫穷只理解为物质上的贫乏，而忽略了精神和心理。

贫穷同样具有物质和精神两方面内容。首先，现代文明物质匮乏的地方一般都出现在自然风貌和生态环境保持最好的地方。宁武县有个被记者描述为"夜宿悬空村，手可摘星辰"的五花山村，在旅游热潮中已有了它的笔名——悬空村。它位于山西省母亲河汾河的发源地，木柱支起街道，房屋悬挂空中。三十多户人家、二百多口老小，世代"悬居"于层林叠翠、海拔 2200 米的半山中。

居住在大城市的人很难想象这儿的天有多么纯净多么蓝，山上的树有多么茂密多么绿，更吸引他们的是村民们那种保留了古朴气息的生活方式。新世纪的旅游热自然给这儿有智慧的人们和外来的投资者带来了意想不到的福祉。

从精神层面上讲贫困有时也是一种资源。孙中山当年让湖广总督张之洞叹服的一副对联是"行千里路，读万卷书，布衣亦可傲王侯"（张的上联是"持三字帖，见一品官，儒生妄敢称兄弟"）。毛主席曾教导我们：穷则思变。百姓当中也流传着这样一句俗语：山旯旮里出俊鹰。一位北京师范大学的教授某次在师范院校演讲中提到，他们学校好多尖子生都是落后地区的学生。因为他们的刻苦精神和渴望缩小差距的奋斗潜力是无法估量的。

辩证地看，贫穷也是一种财富。但是，不会辩证地看待，在贫困的环境中只知道抱怨客观条件，或者认为自己有了自行车和手扶拖拉机，与前几年步行相比进步很大。贫困的人几乎每天都在谈论不利的环境和原因，在这种环境中长大的孩子习惯了他们父母所过的贫困生活。有时你想成功，但周围贫困环境的打击和没有信心的见解让你心灰意懒，自己打败了自己。

有这样一个故事：一个独臂乞丐到一个庭院行乞，女主人指着屋前一堆砖说："你帮助我把砖搬到屋后吧。"乞丐生气地说："我只有一只手，你还忍心叫我搬砖，不愿给就不给，何必捉弄人呢？"女主人俯身故意用一只手搬了一块砖，说："你看，并非只有两只手才能干活。我能干，你为什么不能干呢？"乞丐用了两小时才搬完那一堆砖，女主人递给他一条雪白的毛巾，又递给他20元钱。乞丐很感激地说："谢谢你！"女主人说："不用谢我，这是你自己凭力气挣的。"乞丐说："我不会忘记你的，这条擦脏的毛巾留给我做个纪念吧。"

若干年后，一个西装革履、气度不凡的人来到这个庭院，俯下身用唯一的手拉住女主人说："如果没有你，我还是个乞丐，可现在我是一家公司的董事长。"独臂董事长要把女主人一家迁到城里住。女主人说："我们不能接受你的照顾，因为我们一家人个个都有两只手。"董事长诚挚地坚持着："你让我知道了什么叫人，什么是人格，那房子是你教育我应得的报酬。"女主人终于笑了："那你就把房子送给连一只手都没有的人吧。"这个乞丐在一次神奇的经历之后，抛弃了自身条件差，难以改变命运的观念，终于靠自己的努力成为一个成功人士。

随着科学技术的飞速发展，脑力劳动逐渐取代了体力劳动，今天智慧在很大程度上已替代了双手，靠我们的双手就是靠我们的智慧。贫困更多源于观念的贫困，以及没有观念来激发智慧的贫困。

一个人成功的关键是观念的转变，而且这种转变最终是全方位的，就像关于企业理念的一段描述："在商品经济社会，企业理念就像空气和水一样，是再平常不过的东西。如果我们把这种理念看成最高标准，作为生活之外的一种附加，看得无法可及，最终吃亏的是我们。很简单，这就是商品社会市场经济条件下人活着的基本价值标准和基本的行为组合。"企业理念也就是市场经济理念。我们个人也是这样，经营自己，就是把自己当成一个企业。我们的新理念就要像水和空气一样新鲜和充足，几年后、几十年后你的事业就会成功。

贫困并不可怕，可怕的是因为观念贫困而终身陷于贫困，更不幸的是因为家庭贫困而使许多孩子的心灵中渗透了贫困文化。一时贫困并不意味着长久贫困，重要的是丢掉贫困观念，添上富有观念，那样才能真正走上富裕之路。

要做行业的翘楚

刚入社会的年轻人，在各种社会利益集团之间闪转腾挪，我们其实可以做出改变，改变这种天天在别人的夹缝中生存的状态——学精一门技术，走遍天下。

古语说得好："不怕千招会，就怕一招精。"只要学会一门手艺，就可以走遍天下，别人做得好的不一定适合你。在茫茫的职业大海中，要找到自己的位置，寻找属于自己的小舟。它可能很小，但也会载你乘风破浪，让你体会惊涛的险象，品味成功的酸甜。若你伏在岸边，选择不定，大船你会错过，小船你也会错过，最终只能在海中挣扎几下后，消失在深不可测的海底。看清自己，了解自己，不要低估，也不要抬高自己，客观地评价，正确地选择自己的方向。做好自己的，你便是一道美丽的彩虹。

在韩剧《大长今》中的长今之所以能够受到周围人的喜爱和赞赏，并不是因为她是一个无所不能的人，而是因为她的两项特长：料理和医术。

在御膳房的时候，她精心学习料理知识，虚心地学习各种手艺。长今懂得用煮沸的水洗碗，食物才不会变质；通过不断地尝试，她知晓了利用木炭可以去除异味，扎实的专业知识练就了长今在料理方面的精湛技术，因此在御膳比赛的时候，长今才能依靠自己出色料理技术将金英打败。

不幸被发配到济州岛的时候，长今拜张德为师，当所有人都在抱怨张德过于苛刻的时候，长今却总是一笑了之，张德要她做什么她从不敢有所懈怠，努力的程度连一向铁石心肠的张德也被打动了，认定她将来一定会有所作为。长今也正是依靠优异的医术特长重新回到了宫廷。

最终，长今依靠自己的特长，获得了他人的肯定，实现了她的目标。

战国时期公孙龙的手下有三千门客，并且每一个门客都有自己的特殊才能。公孙龙常说的一句话是："一个聪明的人应该善于接纳每一个有特长的人。"

一天，一个流浪汉来毛遂自荐，说他有一项无人能及的本领，想投靠到公孙龙的门下。

公孙龙高兴地问："你有什么特长，说来听听。"

那个流浪汉回答道："我的嗓门儿特别的大，很善于叫喊。"

公孙龙觉得虽然这也算是一门特长，但并没有什么实际的价值，但是最终还是收下了这个流浪汉作为自己的随从。

没过多久，公孙龙和他的门客出去游玩，当他们来到一条河边想要渡河时，却发现渡船在河的另一边。当所有的人都无所适从的时候，公孙龙突然想起了那个善于喊叫的门客，于是就让他把船夫叫过来，这名门客竭尽所能地向对面喊："喂，船夫，过来，我们要乘船。"他的喊声刚过，对面的船夫就摇着船过来了。

这名门客的特长终于得到了发挥，也为他赚得了生存之本。

科学的门类不同，需要的素质与才能也不同。比如：做一个杰出的临床医生，必须具有很好的记忆力；研究理论物理学，抽象思维能力不可少。人的兴趣、才能、素质也是不同的。如果你不了解这一点，没有能把自己的所长利用起来，缺乏你从事的行业需要的素质和才能，那么，将会自我埋没。反之，如果你有自知之明，善于规划自己，在你擅长的领域里从事工作，你就会获得成功。

任何一个成功人士，都是发挥出了他的天赋，最后获得成功的。阿西莫夫是一个科普作家，一天上午，他坐在打字机前打字的时候，突然意识到："我不能成为一个第一流的科学家，却能够成为一个第一流的科普作家。"于是，他几乎把全部精力放在科普创作上，终于成了当代世界最著名的科普作家。伦琴原来学的是工程科学，他在老师孔特的影响下，做了一些物理实验，逐渐体会到，这就是最适合自己干的行业，后来经过努力他果然成了一个有成就的物理学家。

每个行业都有它存在的价值，只要你选准方向，并精于此道，你一定会成为某一领域的专家，一定会做出傲人成绩的，继而受人尊敬，成为一个对社会有用的人，实现自己的人生价值。

要点燃自己成功的欲望

成功就是达成所设定的目标。成功其实是一种感觉，可以说是一种积极的感觉，它是每个人达到自己理想之后一种自信的状态和一种满足的感觉！它并不需要身份的门槛，只要努力，你也可以成功。

由于每个人的体内都潜藏着巨大的力量，这种力量一旦被唤醒，就是在最卑微的生命里，也能创造生命的奇迹。

托马斯·爱迪生在幼年时期就非常健忘。他在学校里读书，经常会把在课堂上所学的东西完全忘掉，在全年级中，他的成绩最差。老师们拿他毫无办法，认定他又蠢又笨。他们把爱迪生的母亲叫来，告诉她，她的儿子太笨了，根本无法接受教育，让她把爱迪生领回家。

有一次，爱迪生去纳税机关交税，交税的人非常多。爱迪生排在长长的队伍后面，开始思索他的问题。等轮到他付款的时候，他竟然说不出自己的名字，他努力思索了好一阵子，但怎么也想不起来。后来，还是他的邻居告诉他，他才知道自己的名字原来是托马斯·爱迪生。

还有一次，仆人送早点时，他睡得正香，仆人不敢惊动他，就把早点放在他床前的桌子上。他的助手吃完早点后，见他还没醒，决定愚弄他一下。他们吃完他的早点，然后把空盘子放在他的面前。等爱迪生醒来的时候，他看到桌子上的空盘子、空着的杯子，还以为已经吃过了呢，于是继续工作。直到他的助手们忍不住哈哈大笑，他才知道自己被他们愚弄了。

如此健忘的人，但他始终有一种永不放弃的劲头。他找到了自己最感兴趣的方向，并不懈努力，最后，他成了一代大发明家。

每个人都有自己没有发现的天赋，他们的志气和才能都潜伏着，需要外界的东西来激发。志气与才能一旦被激发，自己又善加关注与培育的话，就能取得出人意料的成就。

约翰·费尔德让自己的儿子马歇尔到戴维斯的店里做事。不久，他正好经过那里，看见儿子在招待客人，他问戴维斯："戴维斯先生，马歇尔在这里学得怎么样啊？"戴维斯一边招待老朋友就座，一边回答说："约翰，我是一个直爽人，看到我们是多年好友的分儿上，我也不想让你以后懊悔。说实在话，马歇尔肯定是个好孩子，可是，就算他在我们店里学上一千年，也绝不可能成为一位出色的商人，他天生就不是做商人的料。约翰，你还是把他领回乡下，随便做点别的吧。"

马歇尔离开戴维斯的店后，不久就到了芝加哥。在那里，他看到他周围许多贫穷的孩子，通过自己的努力做出了惊人的事业。在一次又一次震惊的发现中，他内心潜在的志气被唤醒，他心中燃起要做一位大商人的决心。他对自己说："和我一样贫穷的人都能做出惊人的事业，为什么我就不能呢？"

他开始循着自己认定的道路努力工作。后来，他真的成了举世闻名的商人。其实，马歇尔具有大商人的天赋，只是戴维斯的小店无法激发他潜在的才能，所以他们才有了错误的判断。也有许多人，他们体内的潜能是在身体缺陷后引爆的，这巨大的爆破力，弥补了他们因身体缺陷带来的痛苦、屈辱和贫穷。

琼斯是一位农民，他在美国威斯康星州经营一个小农场。尽管他十分卖力地工作，可是他无法让他的农场生产出更多的东西，他只能很拮据地维持着一家人的生活。宽裕的生活对他们一家人来说是可望而不可即的。月复一月，年复一年，琼斯就这样辛勤地劳作着，精打细算地维持着一家人的生活。

在琼斯渐渐年老的时候，他的生活依然没有改变。可是，有一天，灾难突然降临到琼斯头上，他患了全身麻痹症，从此卧病在床，连他的小农场也无力去经营了，他丧失了劳动与生活的能力。他的邻居和亲戚们都十分同情他，认为他将永远是一个毫无希望的病人，再也不能享受生活与工作的乐趣了。出乎所有人意料的是，琼斯竟然没有被疾病击垮，他体内潜伏的巨大力量被激发，他开始运用他"沉睡"了数十年的大脑，进行积极地思考。他要成为一个有用的人，供养自己的家庭，而不是成为家人的负担。

经过反复思考后，他把家人叫到自己的床前，说："你们在农场每一块可耕种的地上都种上玉米。然后，用我们收获的玉米养猪。当我们的猪稍微长大一点，还幼小肉嫩的时候，就把它们宰掉，做成香肠。我们把香肠包装起来，可以用'琼斯仔猪香肠'的牌号出售。然后，我们就在各地的零售店出售这种香肠。"他说着，就被美好的前景所打动，轻轻地笑出了声，"我们的香肠可以像糕点一样出售。"

事情的发展确实像他所预料的一样，他们的香肠像糕点一样出售了。没过几年，"琼斯仔猪香肠"成了非常受欢迎的食品。琼斯在活着的时候就成了百万富翁。以前可望而不可即的梦变成了现实。

你也拥有潜能，而且，毫不夸张地说，你肯定也有自己改变现状的欲望，那么，现在需要让自己进入一种能激发你潜能的氛围中，并由此走上成功之路。

真正的强者从不抱怨

　　用抱怨的态度对待生活，只能让事情变得更糟糕，让自己的人生更失败。真正的强者是从不抱怨，命运把他扔向天空，他就做鹰；把他置身山林，他就做虎；把他放到草原，他就做狼。

　　很多人都喜欢说自己心智成熟，会平衡付出和收获的关系，不再做那些得不偿失的无用功了。其实，你完全有可能收获更多，却因为一时的自满而关上了这道大门。

　　有一棵生长在果园里的梨树，它努力伸展着枝丫，拼命地生长，想要沐浴更多的阳光，想要结出更多的果子。谁都不能否认梨树的努力，它比其他的梨树都勤快，它把根扎得更深，就是为了吸取更多的养料。然而，尽管如此，第一年，它还是只结了 10 个梨子，这么一点点的收成，还被人拿走了 9 个，它自己只得到 1 个。

　　对此，梨树感到十分不公平，明明是自己孕育的果实，怎么却被别人拿走那么多，这个世界如此不公平，总有人不劳而获。于是梨树拒绝成长。到了第二年的时候，它只结了 5 个梨子，其中有 4 个被拿走，自己还是只得到 1 个。"哈哈，去年我得到了 10%，今年得到 20%！翻了一番。"梨树这样想的时候，心理似乎也平衡了。

　　我们假设梨树能够继续努力地生长呢，它结了 100 个果子，被拿走 90 个，自己得到 10 个。很可能，它被拿走 99 个，自己得到 1 个。但没关系，它还可以继续成长，第三年结了 1000 个果子……

长此以往，等梨树长大的时候，那些曾阻碍它收获的力量，或许都微弱到可以忽略不计。可是这棵梨树没有这样做，它拒绝继续付出努力，变成了一棵普普通通的梨树，而且它不觉得这样有什么不好，或许有一天，果农发现这棵不成材的梨树，最终会把它砍掉。

我们中的很多人，都曾是一棵渴望成长的梨树，然而，却在各自的成长过程中，遇到了不同的问题，让我们丢掉了曾经的雄心壮志，甚至，还会埋怨生活对你的不公。

我们知道，每一个初入社会的人，都曾意气风发地想要有一番轰轰烈烈的作为，然而，现实总会无情地磨炼你的耐性和容忍度。或许，你兢兢业业做了很多事情却被别人抢了功；或许，你才华横溢却被人排挤刁难。总之，你会觉得你就像那棵梨树，结出的果子只让自己享受了一小部分。于是，你有了想法，有了私心，你决定像你曾鄙视的那些人一样，不再那么拼命努力，不再那么鞠躬尽瘁，你学会了用世俗的眼光斤斤计较你的付出和收获。也许这样过了很多年，你发现，曾经的激情和才华再也找不回来了，你果然不出意外地变成了一个平淡无奇的中年人，一天和一年对你而言并没有太大的区别。

生命是一个不断成长的过程，如果你停止了成长，那无疑等于自己先放弃了生命的价值。任何时候，任何情况下，牢骚和不满不会对你有任何帮助，你的成长会比你现在的收获要重要得多。

好在，你有机会随时停止成长，同样有机会随时继续成长。其实，生活还存在着一种可能，就是当你承受更多的不公时，反而成为你的一种优势，你承受了更多的折磨，会让你拥有更多的处事智慧，反而比别人多了一分从容，比别人多了一分淡定。

美国有个航海家叫雷伯克，他曾经和他的同伴毫无希望地迷失在太平洋，在食物、淡水奇缺的情况下在救生筏上漂流了整整 21 天之后终于获救。事后当有人问他那段难熬的经历以后，他学到的最重要的一课是什么？他回答说："我从那次经历中所学到的最重要一课是，如果你有足够多新鲜的淡水可以喝，有足够的食物可以吃，就绝不要再抱怨任何事情。"

在一场战争中，一个士兵的喉部被碎弹片击中，输了7次血。他写了一张纸条给他的医生问道："我能活下去吗？"医生回答说："可以的。"接着他又写了一张纸条："我还能不能说话？"医生点点头说："可以的。"最后一张纸条上他写道："那我还担什么心！"

很多时候，我们的遭遇比起上述两例来，实在是微不足道的。在人生的道路上实现一个远大的理想或达到一个奋斗的目标，除了不抱怨，还要勇于付出辛勤的汗水，不懈追求、积极进取，还要摒除干扰，集中精力才能获得最后的成功。

在人生的道路上你要学会找准方向，只有找准方向才会事半功倍，轻松地步入成功的殿堂；找错方向或根本不辨方向，无论多努力，虽然也会事倍功半，但有可能会与成功失之交臂。所以，失意的时候不要总是发出"常恐秋风早，飘零君不知"的感慨，要多回头看看自己走过的路，是否是在朝着正确的目标前进。

有一个故事说有两只蚂蚁想翻越一段墙，寻找墙那头的食物。一只蚂蚁来到墙脚就毫不犹豫地向上爬去，可是每当它爬到大半时，就会由于劳累、疲倦而跌落下来。可是他不气馁，一次次跌下来，又迅速地调整自己，重新向上爬去。另一只蚂蚁观察了一下，决定绕过墙去。很快地，这只绕过墙来的蚂蚁爬到了食物前，开始享受起来；而另一只蚂蚁还在不停地跌落下去又重新开始。

当你开始埋怨，开始感到迷茫，无论身处任何环境中，你一直没有气馁，一直在努力，却为何迟迟没有取得成效的时候，不妨停下来想一想，你是不是像那只不肯改变方向的蚂蚁一样，选择了一条最耗费精力的道路。

在逆境中一定要坚持

在你选定的行业坚持十年，你一定会成为大赢家。目标不是轻易能够实现的，成功来自对目标的坚持。

20 世纪 70 年代是世界重量级拳击史上英雄辈出的时代。拳王阿里已有四年未登拳台，此时体重已超过正常体重 90 多公斤，速度和耐力也已大不如前，医生给他的运动生涯判了"死刑"。然而，阿里坚信"精神才是拳击手比赛的支柱"，他凭着顽强的意志重返拳坛。

1975 年 9 月 30 日，33 岁的阿里与另一拳坛猛将弗雷泽进行第 3 次较量 (前两次一胜一负)。在进行到第 14 回合时，阿里已经精疲力竭，濒临崩溃的边缘，这个时候哪怕是一片羽毛落在他身上也能让他轰然倒地，他几乎再无丝毫力气迎战第 15 回合了。然而他拼着性命坚持着，不肯放弃。他心里清楚，对方和自己一样，也是有气无力的。比到这个地步，与其说是在比气力，不如说是在比意志，就看谁能比对方多坚持一会儿了。他知道此时如果在精神上压倒对方，就有胜出的可能。于是他竭力保持着坚毅的表情和誓不低头的气势，双目如电。他的表现令弗雷泽不寒而栗，以为阿里仍保存着旺盛的体力。这时，阿里的教练邓迪敏锐地发现弗雷泽已有放弃的意思，他将此信息传递给阿里，并鼓励阿里再坚持一下。阿里精神一振，更加顽强地坚持着。果然，弗雷泽表示"俯首称臣"，甘拜下风。

裁判当即高举起阿里的手臂，宣布阿里获胜。这时，保住了拳王称号的阿里还未走到台中央便眼前漆黑，双腿无力地跪在了地上。弗雷泽见此情景，如遭雷击，他追悔莫及，并为此抱憾终生。

麦当劳的创始人雷·克洛克最欣赏的格言是：走你的路，世界上什么也代替不了坚忍不拔：才干代替不了，那些虽有才干但却一事无成者，我们见得多了；天资代替不了，天生聪颖而一无所获者几乎成了笑谈；教育也代替不了，受过教育的流浪汉在这个世界上比比皆是。唯有坚忍不拔，坚定信心，才能无往而不胜。

美国石油大亨约翰·洛克菲勒，标准石油公司的创始人，也是世界上第一位亿万富翁。16岁时，他为了得到一份"对得起所受教育"的工作，翻开克利夫兰全城的工商企业名录，仔细寻找知名度高的公司。每天早上8点，他离开住处，身穿黑色衣裤和高高的硬领西服，戴上黑领带，去各个公司面试。他不怕被人拒之门外，日复一日地前往——每星期6天，一连坚持了6个星期。在走遍了全城所有大公司都被拒之门外的情况下，他并没有像很多人想的那样选择放弃，而是"敲开一个月前访问过的第一家公司"，从头再来。有些公司洛克菲勒甚至去了两三次，但谁也不想雇他。可是洛克菲勒越是受到挫折，他的决心反而越坚定。1855年9月26日上午，洛克菲勒走进一家从事农产品运输代理的公司，老板仔细看了他写的字，然后说："留下来试试吧。"并让洛克菲勒脱下外衣马上工作，工资的事提也没提。过了3个月他才收到了第一笔补发的微薄的报酬。这就是洛克菲勒的第一份工作，是他自己都记不清被拒绝多少次后得到的工作。他一生都把9月26日当作"就业日"来庆祝，那热情胜过他自己过生日。

相比洛克菲勒遇到的挫折，也许我们要幸运得多。我想很少有人在找工作时，在推销自己的想法或产品时，会遇到几百次乃至上千次的拒绝。拒绝本身并不可怕，可怕的是遇到几次拒绝就畏缩不前，就怀疑自己——这样的人是永远不会成功的。

任何希望成功的人必须有永不言败的决心，并找到战胜失败、继续前进的法宝。不然，失败必然导致失望，而失望就会使人一蹶不振。

艾柯卡曾任职于世界汽车行业的领头羊——福特公司。艾柯卡以其卓越的经营才能，在公司的地位节节高升，直至坐到福特公司总裁的位置。然而，就在艾柯卡的事业如日中天的时候，福特公司的老板——福特二世却出人意料地解除了艾柯卡的职务。原因很简单，因为艾柯卡在福特公司的声望和地位已经超越了福特二世，所以他担心自己的公司有朝一日会改姓为"艾柯卡"。

此时的艾柯卡可谓是跌入了人生的低谷，他坐在不足 10 平方米的小办公室里沉思良久，终于毅然而果断地下了决心：离开福特公司。在离开福特公司之后，有很多家世界著名企业的老板都曾拜访过他，希望他能重新出山，但被艾柯卡婉言谢绝了。因为他心中有了一个目标，那就是："从哪里跌倒的，就要从哪里爬起来！"

他最终选择了美国第三大汽车公司——克莱斯勒公司，这不仅因为克莱斯勒公司的老板曾经"三顾茅庐"，更重要的原因是此时的克莱斯勒已是千疮百孔，濒临倒闭。他要向福特二世和所有人证明：我艾柯卡不是一个失败者！

入主克莱斯勒之后的艾柯卡，进行了大刀阔斧的整顿和改革，终于带领克莱斯勒走出了破产的边缘。如今艾柯卡拯救克莱斯勒已经成为一个著名的商业案例被人们广为传颂。

如果你的内心认为自己失败了，那你就永远失败了。著名的演讲家诺曼·文森特·皮尔说："确信自己被打败了，而且长时间有这种失败感，那失败可能变成事实。"而如果你不承认失败，只认为是人生一时的挫折，那你就会有成功的一天。

有些人之所以害怕失败，是因为他们害怕因此而失去自信心，其结果是他们试图将自己置于万无一失的位置。不幸的是，这种态度也把他们困在了一个不可能做出什么杰出成就的位置上。还有的人惧怕失败，是因为他们害怕失去第二次机会。在他们看来，万一失败了，就再也得不到第二个争取成功的机会了。如果这些人知道，多少著名的成功人士开头都曾失败过，就会给他们增添一些希望。

另一个有名的"失败"故事的主人公是个年轻人，他的梦想是进入美国西点军校，毕业后服务于国家。他两次报考均未被录取，第三次报考时终于如愿以偿。这个年轻人就是道格拉斯·麦克阿瑟，后来他成为美国军队的高级将领，在第二次世界大战期间担任太平洋战区盟军总司令。

他们都曾经遭受过巨大打击，但从未放弃，一直在坚持，终于获得了最后的成功。

王宏筠 39 岁时拥有一家公司，主要从事高档玻璃屋顶的安装，目前个人资产约 1500 万元。大学毕业后，王宏筠选择去外企工作，在美国的一家企业驻北京办事处上班，负责销售一些进口的医疗器械。刚工作半年，他就被提升为销售三部的销售经理。1989 年，王宏筠成为这个办事处的首席代表。

1992 年年底，王宏筠决定为自己做事情，他成了意大利佐利雅建材公司产品的中国总代理。随后的一年多时间里，王宏筠开始了忙碌辛苦的创业历程。一年的时间，他花掉 30 万元，却没有做成一笔生意。

在王宏筠已经弹尽粮绝，连向朋友借的 5 万元钱都快用光时，他咬牙又坚持了几个月，他觉得这样的环境自己只能坚持下去。他把自己的房子抵押，再次向银行贷款 20 万元，他还把工人的工资提高近一成，留住了熟练的技术工人。另一方面王宏筠拿出了 5 万元继续在报纸上打广告，同时他还多方面打听消息，只要打听到有新的装修项目，他都会亲自跑去和人家介绍他的顶棚技术。

功夫不负有心人，机会终于来了，他接到了机场路附近别墅区的工程，一共有 7 家要安装，使王宏筠一下子就赚到了 20 多万元。之后生意一个接一个，工人加班加点都做不完。

到 1995 年时，商品房中大量的复式结构出现，王宏筠的生意更加火爆，意大利公司看到市场开拓得如此好，又给他让出了 2% 的利润。他也开始将业务发展到广州、深圳以及上海。王宏筠用了五年的时间就赚到了自己的第一个1000万元。现在，每当王宏筠回首起自己的创业历程，他都认为自己的成功归因于自己在挫折中的坚持。

能不能坚持，很多时候已经不是能力问题，而是意志品质的高低，而且这也是能否成功的关键。要成功，不论遇到任何困难都必须坚持到底，只有坚持不懈地努力，成功才会来到你的身边。坚持到底是一种最值得提倡和嘉奖的品质。

任何人的成功都不是空穴来风，都要经过一番努力和坚持不懈的付出，坚持即是取得成就的重要所在。

人生，可以不走寻常路

> 人生际遇不同，感受不同，道路也就不同。有的人遭遇挫折和失败时，就一蹶不振；有的人遇到挫折困难时，却喜欢迎难而上。积极的人，总能渡过难关，迎来精彩绚丽的人生。

人生看起来是短暂的——从生到死几十年，但是内容却丰富多彩，顺境逆境都会碰到。其中最重要的一种困难就是，碰到生命中世俗的指摘——一个人无论品德如何高尚，人际关系如何左右逢源，也难免背后有人议论。古人不是早就说过了吗：谁人背后无人说，哪个人后不说人？何况专事捕风捉影、混淆视听者总有被识破的一天。

当遭遇嫉妒时，停滞不前只能遂了嫉妒者的心意，对自己却是百害而无一利。这时要想，从古至今妒贤嫉能之人大有人在，受到别人的嫉妒不正说明了自己有了一定的成绩吗？哪怕成绩是多么的微小，何不把这种嫉妒转换成前进中的一种动力：当别人前进时，我不能嫉妒；当别人嫉妒时，我必须前进！

当遭遇误解时，误会产生了，矛盾出现了，沟通已经无法继续进行下去，这时要想，与其百口莫辩，白费口舌，不如缄默不语，事实总有澄清的一天，时间是证明一切的最有力的武器，它会让一切都水落石出。

当遭遇压力时，放弃只能说明自己缺乏能力和斗志。这时可想想石中草。一缕微风轻轻吹落的一粒小小的种子，在最基本的生命资源极其匮乏的石缝中，它依然保持着旺盛的生命力，顽强地从石缝中钻出，以淡淡的清香及可爱的身姿，同千千万万株花草树木一起，将大自然点缀得绚丽多彩，使多少匆匆过客情不自禁地驻足观望。它的顽强，它的坚毅，它的自信不正是我们应该借鉴的吗？

正是这些迎着困难而行的人，能够在逆境中迅速驱散笼罩在心里的那抹阴霾，挺起胸昂起头，让灿烂的阳光照亮内心每个角落。逆境中的一切不过是人生路上一段小小的插曲罢了，倘若没有这些小插曲，也许还不知道该如何珍惜和享受顺境中的乐趣呢。

加里·沙克是一个具有犹太血统的老人，退休后，他在学校附近买了一间简陋的房子。住下的前几个星期还很安静，不久就有三个年轻人开始在附近踢垃圾桶闹着玩。

老人受不了这些噪音，出去跟年轻人谈判。"你们玩得真开心。"他说，"我喜欢看你们玩得这样高兴。如果你们每天都来踢垃圾桶，我将每天给你们每人一元钱。"

三个年轻人很高兴，更加卖力地表演"足下功夫"。不料三天后，老人忧愁地说："通货膨胀减少了我的收入，从明天起，只能给你们每人五角钱了。"

年轻人显得不大开心，但还是接受了老人的条件。他们每天继续去踢垃圾桶。一周后，老人又对他们说："最近没有收到养老金支票，对不起，每天只能给你们两角钱了。"

"两角钱？"一个年轻人脸色发青，"我们才不会为了区区两角钱浪费宝贵的时间在这里表演呢，不干了！"从此以后，老人又过上了安静的日子。

管理血气方刚的年轻人，强制性的命令只会让他们变本加厉，结果适得其反。利用逆向思维，给足他们面子，才能将其控制在股掌之中，事情的结果才能向着自己的意愿发展。这就是逆向思维带来的好处。如果老人直接制止年轻人的行为，恐怕年轻人还会继续来"骚扰"他，这种逆向思考的方法却达到了预想的效果。

有个学校的女生宿舍里，晚上休息时，同寝室的三位女孩都是穿名牌内衣，只有一个女孩穿着旧内衣，同学们笑着说："别再穿了，让你妈妈再给你买套新的吧！"这个女孩神秘地说："才不呢，你们的衣服是用钱买来的，我的衣服是用钱买不来的，是无价的！"同学们惊奇地问："为什么？"女孩说："因为这套衣服是有来历的，是以前一位小公主的，她非常喜欢，后来长大了穿不了，她就许了一个心愿'凡是像我一样，又聪明又有智慧的女孩，才可以拥有这套衣服'。这套衣服经过这么多年的等待，居然没有符合条件的！我奶奶说，她终于发现有一个像公主一样聪明的女孩了，才把压箱底的衣服拿出来代替公主送给我穿，你们家有吗？"

同学们听得入了迷，都抢着要穿，女孩来了精神："如果要穿，我现在竞价拍卖，起步价200元！"三个同学都积极参与竞拍。

一套旧衣服，通过逆向思维变成了炙手可热的物品，也使常人看来可能会自卑的女孩变得自信起来。或许就是这种逆向思维的力量，将改变她的一生。

中学课堂上，老师手中拿着一张白纸，上面有一个黑点，问同学们在他手上看到了什么？同学们感觉太简单了，异口同声地回答说，一个黑点。老师摇摇头说，明明这么大一张白纸，你们都视而不见，唯独一个小黑点把你们吸引住了，看来还是黑暗更有吸引力，上帝和造物主给了我们99个光明，我们却视而不见，一个不如意或不称心，我们就钻进了黑暗的牛角尖不能自拔，那必然是苦难的人生啊！

老师的一席话让所有的同学都陷入了沉思。老师又把纸翻过来，黑色的背景下，只有一个小白点。他再次问同学们，在自己的手上看到了什么？这些同学异口同声地说，一个白点。老师非常满意地说，孩子们，无限美好的未来在向你们召唤。

这就是前联合国秘书长安南的真实经历。就是这样一堂课，帮他改变了思维方式，使他能够从社会的底层一步步走向人生的顶峰。

这是一个个性化的时代，事实也表明：通向成功的道路有千万条，我们不必在乎走什么样的路，只要它的终点能通向成功，这就是选择它的唯一标准。所有解决问题的方法都是表象的东西，它总是以各种各样的表现形式出现，因此才组成了丰富多彩的现实世界。

我的思维方式和别人不一样，我的行为就不一样，但只要目标是一样的，我们就不必拘泥一定的做事方式。不走寻常路，但只要能节省时间和精力，为什么不去试一试？

第二章

身在泥泞中，更要重建人生

不是上帝的宠儿也要活下去

人都是有惰性的，为了激发自己的潜能，我们需要克服惰性，
唤醒自身的能量，让它发挥到极致，实现人生的价值。

安分守己的含义大概包括：按长者的礼教做人，按传统规矩做事，按单位
需要服从分配，这种做法在经济活跃的今天显然有点不合时宜了。

2005 年浙江高考录取工作就取消了服从分配的做法，而是靠多次填写志
愿分配，这样就比以前更符合学生自由选择的意愿。这是从高考志愿上对安分
守己做法挑战的开始。很多人不想安分守己，却不得不安分守己，因为他们无
法突破自己。我们看到了更多的在校园之外的无业青年，虽然他们的头发直立
着，有的更是染成夸张的金黄色，也难以掩饰那种渗入骨髓的落寞与青春的迷
茫。他们显得无所适从，到处惹是生非仅仅是为了证明自己的存在。他们的思
想要突破安分守己的束缚，却没有理念指导，没有环境，没有激发的条件和欲
望。其实，思维和行动都活跃的人，这才是真正的具有成功潜力的大好青年。

波德纳尔斯基在《古代的地理学》中写道："从一种状态到另一种状态的
迅速转变，能焕发出一种精神，把他们从无所事事的状态中拯救出来。"从安
分守己到不安分守己的转变也是这个道理。

当今社会变革、发展很快，信息流通进入了行者无疆的时代。当然不稳定
因素、混乱现象都是存在的，但如今的"乱"比起封闭时期的"不乱"，是社

会进步的表现。尽管如此，可人们还是希望年轻人安分守己，怕他们弄出些什么乱子，或者变坏。这无疑是一种人生价值走向的先行向导。

难道只要安分守己，就一切都好了吗？郭彪从农业大学毕业后被分配到县防疫站时，月薪只能维持生计。他并不安分守己，一面搞机关工作，一面从"不满足安稳现状"的嘲笑中迈出沉重的一步让人刮目相看。人们没想到贩羊皮做皮衣的营销大户是一个大学生，更没想到一个机关职员会转行去做皮毛生意，一个大学毕业生的价值会在臭烘烘的羊皮堆里实现。郭彪的这一举动不仅富了自己，还带活了当地的皮毛市场。他的这种生存模式，对尚在机构改革中徘徊的众多普通职员和干部有很大的影响。如果只是因为要安分守己，仍然待在老地方，低调地对待工作，这自然会影响到个人的发展。

年轻人的可贵之处就在于不安于现状，穷则思变，富则思进；在于不受条条框框的束缚，敢于标新立异、发明创造；在于不畏挑战，在于不崇拜偶像，不迷信权威，敢于突破和超越；在于对旧秩序的叛逆精神，对崭新未来的创造精神。

正是这些特质，才使人类历史的进程，一代胜过一代，只要你年轻，你就在发展进步。当然，失之偏颇，也会导致失败。然而，失败乃成功之母，善于总结失败的经验教训，会走向更加辉煌的成功。只有不安分守己，生存的空间才会越来越大。

所以，一个青年人如果想成功，想成为对社会有更大贡献的人，希望被人尊重，你就尽可能发挥出最大的能量，大胆做事，即便不成功，也不给自己留下任何遗憾。

要唤醒心中能量

成功不要只和别人比，要和自己比；不要横向的比，那是没有可比性的，要纵向的比，拿自己的过去和现在比，以自己的智慧和勤奋创造更美好的明天！

陈永栽 4 岁的时候，由于战争，全家到菲律宾谋生。当时家庭窘困，曾一度到了食不果腹的地步。9 岁那年，他的父亲生了一场重病，为了给父亲治病，母亲又带着全家回乡。两年后，家乡却遭遇灾荒，刚满 11 岁的他又再次跟着叔父到了菲律宾。为了补贴家用，陈永栽只好去给人家当童工。但他并没有被贫困的现状击倒，在一整天的辛苦工作之后，晚上挑灯夜读，无论寒冬腊月，还是夏日炎炎常常读到凌晨三四点。就这样，陈永栽靠着顽强的毅力修完了中学课程，并以优异的成绩考上了菲律宾远东大学化学工程系。大学毕业后，他到烟厂工作，并且很快被提升为化学师。陈永栽具有了丰富的化工知识和在烟厂多年的工作经验，又拥有与商界的密切联系和深厚的人脉基础，因此获得了老板的赏识和重用，然而满怀开拓实业之志的他，却毅然决定辞职创业。

1954 年，刚满 20 岁的陈永栽创办了一家淀粉加工厂，由于不懂行情，经营不善，最终以失败告终。满怀壮志的他，在创业失败后心情一度跌入低谷，在继续创业与打工的选择里一度徘徊。然而贫穷的出身、艰苦的童年锻炼了他坚毅的性格和不怕输的精神，首次创业的失败并没有击垮他的意志。同年，他用借来的本钱又开办了一家化学制品生产和贸易公司。

1965 年，陈永栽经过缜密的考察，在马尼拉市郊购买了一块土地，创办了福川烟厂。三年后在他的生意刚有起色时，没想到却遭遇了一场台风，福川烟厂的大多数设备被毁。他和工人不分昼夜地修建房屋，挑拣被淋湿的烟草，修理被毁坏的机器，但还是损失惨重。

遭受这一打击后，他并没有退缩，反而坚定了彻底改变落后制烟设备的决心，在他的不断努力与创新下，福川烟厂的设备和技术已经处于世界先进水平，发展成为菲律宾最大的香烟制造公司。

苦难其实也是一种宝贵的财富，任何事情都有好和坏的一面，关键在于如何将不利的条件转变成有利的条件。苦难能锻造坚毅的性格，贫穷能赋予你白手起家的信念。在通往成功的道路上，从无到有的成功秘诀，首先便是正视贫穷，化贫贱为创业动力，努力工作，面对风险，抓住机遇。

上天从来都是不公平的，在同龄人都有一双健康的手掌的时候，叶超群却患上了先天性残疾：肌肉萎缩、手掌痉挛性联结、肘部曲蜷、手腕僵直。贫穷的家境、残缺的双手，让他承受了一个鲜有玩伴的童年，而旁人异样的眼光更是让他感到自卑与难过。叶超群还在上小学的时候，在电视里看到的那划出优美弧线的白色小球，竟然让他在不知不觉中幻想着自己也能自如地挥舞着乒乓球拍，打出漂亮的弧线来。然而，由于双手残疾，当他提出要和同学一起玩的时候，却被同伴冷嘲热讽，他甚至有一段时间的自闭。

生活对你关了一扇窗，同时也会为你打开一扇门，生活的艰辛更是造就了他的顽强与拼搏精神。双手的握力不足，常人轻而易举的事情，他却用了一次、两次、一百次……他才能握住球拍，而且还能握得那么紧、那么牢。然而家境贫穷的叶超群，曾经甚至为了买一个 6 元钱的乒乓球拍，苦苦地哀求了母亲多年才实现。

每周五放学后，无论刮风下雨，酷暑寒冬，他都坚持到 30 公里以外的市区参加训练。因为肌肉萎缩的手不能展平，更使不上力气，这使得超负荷的训练结束后，叶超群的手经常抖得厉害，整条手臂酸痛难忍，有时连筷子都握不住。训练时，手腕和手肘经常碰破或扭伤，疼痛难忍……但是，对乒乓球的热爱和对理想、对改变自己命运的执着追求，让他以惊人的毅力坚持下来。终于在2008年的残奥会乒乓球比赛中，叶超群获得了单打银牌和团体金牌的荣誉，为祖国争了光。

在记者问及叶超群站在领奖台上想到了什么时，他说道："父母笑了，我很欣慰！"

他也是人，他也有脆弱的感情，他向媒体坦言他曾一度地失落，为着别人异样眼光，为那双不能平缓舒展开来的手而感到失落和绝望。徘徊了将近一年才逐渐明白，即便他没法选择他的出生，但他可以凭借自己的努力去改变自己的命运，即便双手不能像正常人那样平展开来，但他坚信，只要是别人能做到的，他也一定能做到！

确实如此，一个人，出生了，就不再是一个可以辩论的问题，而是上天交给你的一个事实；上天在交给我们这件事实的时候，已经决定让我们自己选择未来！只是你敢不敢选择，会不会选择！

出身并不能影响你的成功，没有必要去找理由逃避自己的出身，甚至你应该感激它，感激它让你拥有贫苦的童年，感激它让你尝试人世的辛酸，这一切都是你走向成功最宝贵的财富。

贫苦的出身并不可怕，可怕的是你不敢去正视它，可怕的是你没有改变它的勇气和魄力，没有改变它的决心和毅力，可怕的是你无意中亲手关上了通向梦想舞台的大道！在危机中看到机遇，面对他人的成功，我们要自信地说："我也能成功！"

相信自己，迎接挑战

人生是五味瓶，酸、甜、苦、辣、咸皆在其中。人生需要挑战，人生需要奋斗。对于毫无背景的我们来说，更应该学会挑战！只有做一个勇敢的挑战者，把自己的想法付诸行动，才会走上成功的道路。

有一位饱读诗书的博士，每天都在埋头研究学问，他的研究成果也得到了大家的认可，为他赢得了众人的尊重。一天，这个博士想要过河去对面的村庄收集一些资料，方便他进行下一项民俗文化的研究，于是，他便换乘了一位船夫的船过河。

博士在船上闲来无事便与船夫闲谈起来。他找不到其他的话题，就问船夫说："你知道托尔斯泰吗？"

船夫茫然地摇摇头，声音洪亮地回答："不知道。"

"那么你喜欢拜伦的诗吗？"博士又问。

船夫依然摇头："我不认识他！"

"那么地理、生物、数学呢？你总会其中的一样吧。"博士对船夫的无知感到十分惊讶，他如数家珍的这些知识船夫居然什么都不知道。

"不，我一样也不会。"船夫的声音听起来并没什么难为情的意味。

博士不禁感慨万千，他甚至为船夫的无知感到羞耻，他小声地说道："唉，人如果一生一无所知，那将是多么可悲的事情啊！"

　　船夫听到了博士的话，笑了笑，正要说什么，忽然一阵大风吹来，河中顿时波涛翻滚，小船眼看危在旦夕。于是，船夫紧张地问博士："你会游泳吗？"

　　博士怔住了，然后有些惭愧地回答："我什么都会，唯独不会游泳。"话还未说完，一个大浪打了过来，船翻了，博士和船夫都落入了水中。

　　船夫凭着熟练的游泳技术救起了奄奄一息的博士，他费力地把博士拖到了岸上，这时船夫对博士说："我的确什么都不懂，可是没有我，你现在早已淹死了。"

　　我们总会遇到一些人，他们的光环让我们感到自身的渺小。在他们面前，我们甚至觉得自己一无是处，于是，真正的较量还没开始，我们就已经早早认输。其实，你完全不必那么自惭形秽，即使他比你优秀得多，也不能抹杀你身上的优点，更何况，结局怎样还真不好说。

　　就像船夫和博士一样，博士觉得自己学识渊博，看不起目不识丁的船夫，在船夫面前博士觉得自己充满了优越感，然而正是这个被博士看不起的船夫，见到了博士最狼狈不堪的样子，甚至还成了博士的救命恩人。

　　尺有所短，寸有所长，我们再弱小，也有自己强悍的一面；敌人再强大，也有他不擅长的一面。无论怎样强大的敌人，我们都没有必要在他的面前先吓破了胆，对他的存在充满畏惧。要知道，有时候，看起来强大的敌人，往往只不过是在虚张声势。任何时候，挺起腰板，不必在敌人面前显得懦弱，不放手试一试，你就永远不知道自己的实力到底是怎样。

　　有一个与世隔绝的小村庄，生活在那里的人们从来都没有走出过大山，从来不知道外面的世界究竟是什么样子的。原来，村里唯一一个和外界联系的道路被一只体形庞大的怪物把守着。这里祖祖辈辈传下来的告诫就是：千万不要接近怪物，否则必死无疑！

　　当斐利还是个小孩子的时候，祖母就曾严厉地告诫他千万不要接近山里的出口，但是，随着年龄的增长，已经变成强壮少年的斐利越来越对外面的世界充满了好奇与向往，他曾不止一次地计划着去和怪物一决胜负。

斐利是村里最机智勇敢的年轻人，他的骑马射箭甚至比村里的一些老猎手还要好。斐利觉得时机已经成熟，决定单枪匹马地去挑战怪兽。然而这个想法遭到了大家一致的反对，他们祖祖辈辈就生活在这里，和怪兽也相安无事。大家觉得斐利的行为一定会惹怒怪兽，斐利肯定是要被吃掉的。尤其是斐利的妈妈，听到斐利的计划哭得十分伤心。

众人的阻拦并没有让斐利死心，他还是想要试一试。于是，等到众人睡得十分香甜的时候，斐利带着他的武器悄悄地离开了。

快到山口的时候，斐利的心提到了嗓子眼儿上，他看到山边有一个巨大的影子在晃动，而且看起来很凶猛的样子。斐利难免有些害怕，但他冷静地想了想，觉得既然来了，就要试一试，于是，他义无反顾地向怪兽走去。

等到斐利看到怪兽的时候，不禁呆住了，原来困扰了他们那么久的敌人，不过是一只看起来十分温和的蜥蜴，危机顿时解除了。

你没有什么好畏惧的，无论你的敌人怎样的嚣张，你只要做好自己应该做的事情就好，更不要在对手面前露了怯。何况，一些故作深沉让你感到不明所以的人，常常是肚子里没有货的人。一个真正优秀的人，一定是一个平和干脆的人，他不需要为自己做的事情做那么多的铺垫。如果你遇到的是这样的敌人，恭喜你，不要在乎你们之间的差距，努力向他学习，也许你将成为他下一个势均力敌的对手。

生命的价值不在于长短而在于它的意义。从生到死波澜不惊、两点一线的生活虽然安逸，但是没有任何回味的意义。你只有不断地接受挑战，战胜挑战，生活让你的人生真正地绚烂多彩。然而，想要获得生命中美好的这一切，就是你必须做好面对对手的准备，千万不要心生畏惧。一个真正的强者并不是天生就拥有超凡的能力，而是因为他具有百折不挠的毅力和勇气，如果不想做一个懦弱的人，你就应该勇敢地面对你将要经历的一切。

如果没有必胜的信念，对手往往会被想象成非常强大的样子。其实不然，只要你认真应对，它也不过如此。所以，去直面挑战，努力战胜他吧！在敌人面前挺起腰板，发挥出你真正的实力，千万不要在较量开始之前，长了他人的志气，灭了自己的威风。当你信心百倍地迎接挑战，你会发现，其实并没有你想象中的那么难。

　　生命中总是面临各种各样的挑战，有些是可以轻松应对的，有些需要你付出一定的努力，还有一些需要你全力应对……无论如何，拿出勇气，迎接挑战吧！

最大的敌人是你自己

人们喜欢说"逆境出英雄"，其实，这是因为在逆境中的人，需要战胜的就是自己，而自己正是你最大的敌人，战胜了自己就意味着你已经战胜了最强大的敌人，这样的人，在任何困难和阻碍面前，都会显得格外沉着而有智慧。

一场意外的火灾，夺走了很多无辜的生命，有一对求生意识十分强烈的兄弟，成了这次火灾中为数不多的幸存者。然而，他们虽然侥幸生存下来，却在这场大火中，被烧得面目全非，原本英俊帅气的小伙子，变成了人人避之的丑八怪。

生活原本就很拮据，兄弟俩没有能力支付巨额的整容费用，而且当时落后的整容手段并不能保证能给他们带来多大的改变，他们只能咬着牙适应这个丑陋的面孔。他们的生活在这场火灾之后发生了翻天覆地的变化，他们再不是当初受人欢迎的帅哥了，来自四面八方的鄙夷眼光淹没了他们原本脆弱的自信心，生活对他们来说成了一种无言的煎熬。

哥哥不堪忍受生活的打击，趁人不注意，偷偷服下安眠药离开了这个让他感到屈辱的人世。然而，弟弟却坚守着"生命的价值最高贵"的信念，认为这火灾中的第二次生命来之不易，咬着牙坚持了下来。

他成了一名货物司机，每天重复着单调寂寞的生活。一天，他行驶了差不多一半的路程，天空突然下起雨来，路面很滑，他不得不小心翼翼地慢慢开车。

突然，他发现有一个人站在前边不远的地方求救，他犹豫了一下，还是停下了车。原来那个人的车子在附近抛锚，却没有一个人愿意停下来帮忙。后来他知道，他救的人是一个很有影响力的富翁，富翁为了报答这个忠厚的年轻人，就给他经营运输公司的机会。他凭借着诚信和实力，渐渐地打开了市场，并迎来了医术发达的时代，他有了足够的钱去整容，最后终于恢复了正常人的外貌。

别人给了你伤害，可是伤害的程度却应该被你自己掌控，能够真正伤害你的只有你自己。别人的伤害只是一时，这些完全可以被消化吸收掉，而如果你的内心一直不肯放下这一时的伤害，这只会让它膨胀为一个越来越大的伤害。所以你在埋怨命运的时候，请好好地想一想，是不是你给了自己伤害自己的理由。

我们为什么不能成功，因为我们总是被各种各样的假象所迷惑，不相信自己的实力，不相信真理的存在，于是，我们自己先主动放弃了。一个真正聪明的人，从来不会盲目地跟从别人，做事情要有自己的主见，保持一股不服输的精神，是我们迈向成功的重要条件之一。

傍晚的时候，天空下起了瓢泼大雨，一个下班回家的人只好躲在屋檐下避雨，因而耽搁了回家吃晚饭的时间。于是，他不停地埋怨观音不知道普度众生，没想到菩萨果真现身在雨中。于是，他连忙向菩萨求救："观音菩萨，请你解除我的淋雨之苦吧！"

观音和善地说："我在雨里，你在檐下，而檐下无雨，无须我度。"这人听完连忙跳出屋檐，站在雨中说："现在我也在雨中，你总该解救我了吧。"

观音又说："你在雨中，我也在雨中，我不被淋，因为有伞；你被雨淋，因为无伞。所以不是我度自己，是伞度我。你要想度，请找伞去。"说完便消失在雨中。

这个人认真想了想观音的话，觉得有些道理，于是，第二天跑到寺庙里去拜观音。一进庙里，却发现一个跪拜者居然很像昨天他见到的观音，于是，这个人走上前去，好奇地问道："你是观音吗？"那位跪拜者答道："我正是观音。"

这人又问："那你为什么自己拜自己？"观音笑道："我也遇到了难事，但我知道，求人不如求己。"

人生遇到最大的阻力往往不是来源于别处，而是来自自身，能够带给你最大机遇的同样也是你自己。其实，我们的一生都是在同自己作战，如果输给自己了，就等于承认了自己的软弱，接受了生活的现状，那么，你也将失去一切转变的可能。任何时候，给自己一些信心，相信你是最好的。

好的心态十分重要，同样的事情，有的人从中看到了希望，有的人从中感受到绝望。在你的一念之间，往往转换着无限的可能。

在生活给了我们不幸的时候——包括你出身贫寒，这些看似非常不幸，其实是在考验你的耐力和毅力，如果你不幸被吓到，你就失去了成功的机会；反过来，如果你能打败自己的惰性，与生活进行不屈的斗争，你就会发现，只要打败自己的虚荣心、浮躁之心和急于求成之心，成功并不是很难。

不要让自己的心灵背负着沉重的包袱，时刻提醒着自己，你最大的敌人其实就住在自己的心里。

无法选择出身，但可选择出路

倘若你出身贫寒，并且甘于这种生活，没有脱离贫困的强烈愿望，那么你的一生就注定与富足无缘了。有哲学家说过这样一句话："多数人并不是因为贫穷而被奴役，而是因为被奴役而贫穷。"

美国人迈克尔有8个兄弟姐妹，他的父亲是加利福尼亚州的黑人佃户，家庭情况可想而知。迈克尔4岁半的时候就开始工作了，他8岁时就学会了赶骡子。这些实在是没有什么稀奇的，因为佃农的孩子大多数在年幼时就必须工作，对于这种生活方式，他们认为是命运的安排，因此往往甘于贫穷。比别人幸运的是，迈克尔有一位非常了不起的母亲，她始终相信一家人应该过着快乐且衣食无忧的生活。所以，她常常把儿子抱在膝盖上，向儿子诉说自己的梦想。

"我的孩子，我们不应该这么穷。"她常常这么说，"贫穷不是上帝的旨意。我们之所以贫穷是因为爸爸从来不想追求富裕的生活，家里的每一个人都胸无大志。"

母亲的话深深地根植于迈克尔的心中，这成了他一生追求卓越的动力。母亲的话最终也改变了他的一生。被母亲的话所感召的迈克尔一心向往跻身于富人的行列，于是在追求财富的路上，他从不懈怠。终于他凭借着自己出色的推销工作有了一些积蓄。十年后，他听说供货的那家公司即将被拍卖，底价为

15 万美元，他毫不犹豫地就去同供货的公司商谈收购接收事宜。结果是他用自己的全部积蓄 2.5 万美元作为定金，并答应在一周内筹足余款 12.5 万美元。合同中还规定，如果逾期未补齐余款，定金将被没收。

迈克尔想尽一切办法，调动一切关系来筹钱，可是到了最后一晚，依然还差 1 万美元。迈克尔觉得自己已经想尽一切办法了。时间也不早了，在一片漆黑的房间里，迈克尔跪下来祈祷，请求上帝指引。

谁能在时限内借我 1 万美元呢？迈克尔反复地问自己。他把周围的人又都想了一遍，却还是想不出来还有谁能够帮助他。时间在一分一秒地流逝，万般无奈的迈克尔毫无放弃之意，他决定做最后一搏。于是他走出房间，开车沿着第 61 街走下去，看看有没有机会。

当时是深夜 11 点半，迈克尔沿着第 61 街往下走。过了好几个路口都是漆黑一片。他继续往前走，就在要走到尽头时，他看到一家承包商的办公室还有灯光。于是迈克尔飞速下车，心中充满了欣喜。他走了进去，看到那位承包商正在埋头办公，由于熬夜加班，已经疲惫不堪。迈克尔跟这个承包商有些交往，于是就鼓起勇气说："你想不想赚 1000 美元？"问话直截了当。得到的问答也直截了当："想，当然想。""那就借我 1 万美元，我会外加 1000 美元红利还给你。"迈克尔向那位承包商详细说明了自己整个的投资计划，并告诉他还有哪些人借钱给自己。由于迈克尔做推销有着良好的信誉，再加上他周密又切实可行的发展计划，这位承包商很爽快地把 1 万美元借给了他。

就这样，凭借着借来的钱，迈克尔成功了。他不但从接收的公司获得了可观的利润，继而又陆续收购了几家公司，其中包括化妆品公司、食品公司、服装公司及报社等。是梦想让他由贫穷走向富裕。

为什么迈克尔能借钱成功？其实并不仅仅是他能说会道，而是他勇于改变命运的决心，为自己选择通向富人道路的雄心壮志帮了他。

人不应该坐在那里等待好运的到来，而是应该身体力行，朝着现实可行目标努力，梦想才能成真。世上贫穷的人比比皆是，他们贫穷并不是因为别的，很大程度上是因为他们没有告别贫穷，走向富有的梦想。没有梦想，怎么会着手去做呢？所以，不要一面埋怨自己贫穷，一面却安于现状，只有时时鞭策自己，暗示自己："我想富有！"唯有如此，才能真正摆脱贫穷。

要战胜自己的缺点

缺点是与生俱来的，是伴随一生的。因此不必太过烦恼，只要时刻注意，警惕自己随时改正就好。正如古希腊哲学家德谟克利特所说的那样：忘了自己的缺点，就产生骄傲自满。但这并不表示要无视缺点，而是要正视它，并逐步改正。

人人都有缺点，同时，人人都有改正的意愿和正视缺点的态度。很多人因为过多地沉湎于自身的缺点而不能自拔，认为自己是个不完美或者是个没有健全性格的人，其实，只要多多了解自身的优点，就不会产生这种想法：

1. 相信自己，你比想象中的自己更强

有自卑心理的人，遇事先想到"我不行"，不！你实际上比你想象的更聪明、更强壮、更有才能、更富有创造性。在你身上，还有很多有待开发的潜能和优点未被发现。只不过你没有给予一定的精力加以关注和开发而已。

自我想象对人的行为往往有很大的影响，它给你划定了活动的界限。自认为平庸，绝不敢有更高的冀求。结果本来能够达到的目标，由于自我想象软弱，自我约束，自卑自责，事情还没开始，攀登还未起步，就把成功的机会白白地丢失了。

2. 不要作茧自缚，约束自己的思想

众多成功者的故事向我们展示了一个道理：成功者在成功之前，大都有必定成功的信念。这种信念给他们一股强大的动力，使他们百折不挠，不达目的誓不罢休，最后才登上成功的顶峰。如果他们一开始就对自己的处境和努力持怀疑、犹豫、彷徨、观看态度，那么他们就不可能竭尽全力去排除万难，最后成为一个成功的人。

3. 过去的失误、荣耀都已经无法改变，不可过度沉迷

生活的道路难免有些挫折，若把它们收起来都背在身上，那份沉重非把你压垮不可。在生活中，你可能会不断跟自己说：我缺乏主动精神，我优柔寡断，我不善于表达，我头脑不灵，我不能独立工作，我的成绩不好，我赶不上别人……它们可能都是事实，但充其量只代表未成熟的你的所作所为。过去的就让它过去，最重要的是正视现在和展望将来。与其说"我缺乏主动精神"，倒不如说"我过去缺乏主动精神，但我正在努力改变"。

4. 不要太在意他人的说法和言论，否则容易迷失自我

中国人大多有说长道短的习惯，你随时可能遇到讥笑和嘲讽，不要让它左右你，该干的就干，而且力争干到最好。别人说你不行不等于你就不行。能力可以培养，习惯可以改变，素质可以提高，成就可以创造。内心充满自信就可以很容易避开这些无谓的言论，专注自己的生活。

5. 不要为打翻的牛奶哭泣

常常懊悔自己的所作所为，其实这是一种不成熟的表现，但是并不代表无药可救，除非你对此习以为常。一定要明白：懊悔无力改变过去，却浪费现在，影响将来；如此循环反复，何时才能出头？懊悔这些事情当初你都没有做，事后再追悔莫及也起不了什么作用。

反过来想一想：它们已经成为历史，你只能从中总结经验教训，避免以后再犯这样愚蠢的错误，然后重新收拾心情，从头做起，这就足够了。把时间和精力浪费在哀叹追悔上，这如同小狗追自己的尾巴一样无用，所以一定要下大力气克服他，移开自己前进的绊脚石。

6. 正视失败，学习经验

很多人畏惧失败，其实这是缺乏勇气的表现，而勇气又是一个人成功的必要因素之一。一个人如果缺乏行动的勇气，世上一切美好的事情都不会发生，不动手写，就不会有文章、小说、歌曲、戏剧；怕讽刺挖苦，不会有歌唱家、音乐家、政治家、画家；怕新颖的理论，就不会有发明创造，医学绝症就永远攻克不了；怕人家拒绝，就不会盛开美丽的友谊花朵。

不动手当然不会失败，但是却会被无情地划归到平庸者的行列，这就是畏惧失败所要付出的代价。为了战胜这种畏输的心理，我们最好能尽量做到：

不要冀望事事拔尖，项项如意；设立自己的成功标准，不要为别人所左右，父亲和妻子希望你当上公司的总裁，你不必因此背上枷锁，完全可以另辟蹊径，创造意想不到的成功。

你肯定在某些努力上失败过，千万别把它当作负担，而是要把它看作是成功之前的投资，我们从失败中学到的东西，往往比成功中学到的更多。所以不要畏惧失败，而是认真领会"失败是成功之母"的内在含义。

成功只属于决心把事情进行到底的人。要成功，就别想舒舒服服，无耐性，吃苦稍长一点就抱怨，那永远不会成功。

由于我们所处的环境相对恶劣，由于马太效应，因此缺点也可能会相对较多。但只要我们敢于付出超人的努力，就一定可以获得更大的成功。

伤疤是通向胜利的旗帜

提到伤疤，所有人的心都会被揪一下。涌上心头的首先是一种苦涩的滋味。想起当时的画面，眉头紧锁，双眼映出"痛苦"二字。于是伤疤成了痛苦的代名词。其实不然，对于逆流而上的人来说，这是一个个胜利的标杆，是指引我们走向胜利的旗帜。

社会上有些不受欢迎的人，他们给你的那些痛苦经历如影随形，让你仿佛看到自己的身体被划开一道道长长的伤口。那些丑陋的伤口是你的耻辱，你只是感受到疼痛，感到绝望，却不曾想到，你的身体还有自动恢复的能力，伤口总有愈合的时候，而且会告诉你下次不要再犯同类错误。

伤口并不可怕，可怕的是你常常纠结于此，迟迟不肯让它愈合。我们希望得到细心体贴的关怀，希望一切烦恼和痛苦都远离我们。然而，我们的愿望无法在现实面前得到满足，因为——理想很丰满，现实很骨感。我们不得不在红尘中挣扎，生命中那些源于心灵的痛苦时时折磨着我们，我们厌恶它，却又无法逃避，这就是真实的生活。

无论你是位高权重的成功人士、目不识丁的车夫鞋匠，还是天真无邪的蓬头稚子，或是学贯中西的饱学之士，都或多或少慨叹那些毫无意义又不得不去应付的俗世凡情。对此，有人备感折磨，有人却能淡然处之。其实拨开迷雾才会发现道理其实再简单不过，关键就是你看待这个现实世界的眼光——也就是世界观，如果你愤怒不满甚至试图掩饰，痛苦将会加倍困扰你，如果你接受事实坚定信仰，希望也许就在下一个拐角，坚持几步就到了。

从一个一掷千金的大商人，变成一个家徒四壁的穷光蛋，洛克在经历了破产的遭遇后，深切体会到生活的冷酷无情，他心灰意懒，萌生了结束生命的想法。洛克回到了承载着他童年美好时光的乡间小镇，也许这里才是离上帝最近的地方。洛克很想质问上帝，为何偏偏选中他来承受命运的捉弄？

走累了的洛克在一片瓜地旁边小憩，这时正是丰收的时节，空气里充盈着香甜的味道。好客的瓜农看到风尘仆仆的洛克，豪爽地请他品尝地里的瓜。瓜农开始喋喋不休地对洛克讲述，前几年收成如何不好，总是遇到天灾虫患，甚至突如其来的一场霜冻让即将收获的成果毁于一旦，一年的辛勤劳作全都白费了。

洛克感到有些意外，他脱口而出："收成不好你怎么活下去，赚不到钱人生还有什么意义？"憨厚的瓜农咧嘴一笑："再怎么艰难不都这样挺过来了，你看，这不是丰收了，而且，正是之前的歉收，才让这次丰收显得更有意义。"看着这个心事重重的年轻人，瓜农意味深长地继续说道，"所有的经历都是有意义的，只要你没有放弃继续依靠自己的双手。"

老农质朴的一席话犹如春风化雨，洗却了洛克心头的烦恼，让他顿时醍醐灌顶。洛克驱车返回，决定重新来过，五年后他的公司遍及全球，他成了行业内呼风唤雨的人物。

在我们的一生中，总会遇到一些不愿去面对的事情，给我们带来身心疲惫的感受，让我们像受伤的小袋鼠一样，想要逃回母亲温暖的口袋里。然而，能否在种种折磨和煎熬中挺过来，坚持原本的目标和理想，却是你迈向成功人生的重要一步。

尼采曾说过："极度的痛苦才是精神的最后解放者，唯有此种痛苦，才强迫我们大彻大悟。"面对生活中种种苦难的鞭策，面对那些让你痛不欲生的经历，如果你就此放弃了，那么，失败者的头衔将和你如影随形。而如果你能够从心灵的痛苦中解脱出来，主动承受各种折磨带给你的问题，认真审视痛苦的根源，那么，你将知道自己究竟有多强大。

法国著名化学家维克多·格林尼亚年轻的时候，耽于玩乐，曾在一次宴会上遇见一位让自己一见倾心的美丽姑娘。当他走过去跟这个心仪的女孩搭讪的时候，却被高傲的姑娘冷漠地拒绝："先生，请你站远一点，我最讨厌被没有身份的人挡住视线了。"

格林尼亚感到羞愧不止，这似乎成了他人生中的奇耻大辱，但姑娘说的没错，那个时候的他，只是个身无分文的青年，只是从来未曾有人如此轻慢他而已。

格林尼亚离开了家乡，独自一人到外地求学，他时刻牢记姑娘的讽刺，发誓摆脱自己的现状，他付出常人无法想象的努力刻苦学习。最终获得了1912年的诺贝尔化学奖，成为一个闻名世界的化学家。

生活中的磕磕碰碰在所难免，每一个人都要独自处理自己的伤口，没有人会守在你的身边随时准备为你疗伤。对此，你必须有清醒的认知，接受苦难的洗礼，并且做好独自承担的准备，为更美好、更丰富的人生积蓄能量。

塞涅卡曾说："没有谁比从未遇到过不幸的人更加不幸，因为他从未有机会检验自己的能力。"我们的人生不可能像茶杯里的水一样波澜不惊，若是这样，人生未免太过单调无趣。我们总是在得到与失去的交替中，在渴求与放弃的转变间，经历着痛苦，同时也感受着快乐。

其实，正是这些经历、这些感受，丰富了我们的人生，而且让我们的性格趋于完善。在成长的过程中，我们学会了发现，懂得了珍惜，对于那些在心中化解不开的结，对于那些让我们承受痛苦的人，淡淡一笑，学会欣赏，学会包容。

穷人的生存状态决定了需要向世人展示更多的伤疤才能获得更多的成功，所以不必太在意自己有伤疤。不仅如此，更要把伤疤当作勇于追求幸福的证据，让世人明白你的勇气和决心。

社会从来就没有绝对的公平

> 世上没有绝对的公平。如果真的绝对公平了，反而是另外一种
> 不公平了。

人生来就有很多的不公平，出身背景不同、家庭关系不同、受教育的程度不同。最让人们感到心里不平衡的是，从前跟我在一个锅里吃饭的人，今天吃的不一样了，一起工作的升官了，同样做生意的发财了，而自己却处处碰壁……比尔·盖茨说："社会是不公平的，我们要试着接受他。"

其实，人的一生就是欲望不断产生和满足的过程。名欲、利欲、权欲，伴随着人的快乐、痛苦、荣辱，甚至生死。最欣赏陶行知先生的话："滴自己的汗，吃自己的饭，自己的事自己干……"社会没有公平不公平，关键是你的心态，看你自己想要什么。

人和事都是丁是丁卯是卯，从来都是一分耕耘，一分收获，有所失才有所得，没有不劳而获的成果。

在 2006 年出现在胡润百富榜第一位的张茵，几乎在一夜之间红遍了大江南北。与那些依靠高新技术上榜的富豪不同，张茵从事的是环保行业的废纸回收。

张茵幼时家境清贫，1982 年大学毕业之后，张茵先在工厂做会计，随后又在一家贸易公司做包装纸的业务。

三年后，张茵来到香港，在一家中外合资贸易公司担任会计。一年以后，这家公司倒闭了。此时摆在张茵面前的有两种选择：回广东，或者留下创业。好强的她决定留下来创业。

创业之初，张茵面对资金缺乏、资源困乏的双重局面，只能从底端做起，她做起了废纸回收的生意。张茵从一开始就坚持品质第一，改变香港过去往纸浆里面掺水的做法。但这也触犯了同行的利益，她被认为是违反了"行规"，甚至因此接到黑社会的恐吓电话。张茵陷入困境之中，第一次感到了不公平活生生地存在于社会。

她没有退缩，经过几年的发展，张茵摆脱了早期创业的艰难局面，积累了一定的资金和资源，把早前生活带给她的困境和不公平待遇甩在了身后。随着公司的发展，香港的废纸回收已经不能满足业务需求。1990年，张茵把目光投向了大洋彼岸——美国。移居美国后，张茵创建了美国中南有限公司(America Chung Nam)。

1996年，中国的高档包装纸出现了供不应求的局面，尤其高级牛卡纸几乎全部从国外进口。张茵及时抓住了这一历史性机遇，决定建立东莞玖龙纸业有限公司，主要生产高档牛卡纸。她投资11亿美元于1996年12月开始了一期工程的建设；1999年7月，张茵继续注资11亿美元，进行二期工程扩建；2006年继续注资1亿多美元，进行三期工程扩建，届时东莞纸业的生产规模将超过100万吨，成为世界上屈指可数的巨型包装用纸生产企业之一。

事业越做越大、道路越走越宽，此时的生活慢慢对张茵变得公平起来。由此可见，公平是要靠自己努力争取的稀缺资源。

现实生活中，有的人利用自己占有的社会资源，迅速过上了令人羡慕的生活。而一无所有、没有任何资源的人，则要认清生活中存在的不公平，把自己的劣势变成努力奋斗的动力，发挥自己的长处，寻找机会，坚持自己想干的事情，终究可以扭转你所认为的不公平。

承认生活不公平这一事实的一个好处便是，它能激励我们去尽己所能，而不再自我感伤。我们知道让每件事情完美并不是"生活的使命"，而是我们自己对生活的挑战。

承认生活不公平这一事实并不意味着我们不必尽己所能去改善生活，去改变整个世界，恰恰相反，它正表明我们应该努力做好分内的事，争取更大的成功。承认生活是不公平的客观事实，并接受这不可避免的现实，放弃抱怨、沮丧，以平常心、进取心对待生活，不公平也就消失得无影无踪。

生活从来没有绝对的公平。这着实让人不愉快，但这的确是实情。我们许多人所犯的一个错误便是为自己、为他人所受到的不公平感到遗憾，认为生活应该是公平的，或者认为终有一天会是公平的，于是抱怨、叹息、等待……其实生活本来就不是绝对公平的，现在不是，将来也不是，一味地沉浸在探究生活的公平与不公平中，将会虚度时光，陷入困境。只有正视这种现实，努力生活，努力工作，才会找到属于自己的那份公平，把不公平甩在身后。

20 世纪 90 年代，很多中国企业面临破产，工人纷纷下岗。有的人下岗后就一蹶不振，靠着微薄的补助生活，哀叹自身命运的同时觉得自己受到了不公平待遇。有一对下岗夫妇却重新开启了新的生活，虽然他们也经历了失败、彷徨、愤懑，但他们最后成功了，他们用付出使自己的生活变得公平了。

在四川双流区，有一家名叫"李姐稀饭大王"的著名饭馆，特色鲜明，服务一流，是很多人用餐的首选之地。这家稀饭店的老板就是李春花。她与丈夫辜强都是重庆市仁寿县人。夫妻俩曾在同一家工厂上班，因企业不景气，1992 年他们双双下岗。

1999 年 3 月，李春花夫妻俩来到了成都，决定在双流机场附近的双流区卖稀饭。他们在双流区棠中路找到了一个只有 6 平方米的门面，花 3000 元的年租金租了下来。他们总共投入了 1 万元，稀饭店总算开张了。

夫妻二人起早贪黑地忙活，但饭店的生意并不见好转。开张三个月，就亏了 3000 多元。李春花意识到必须要变，不变只有死路一条。

怎么改变呢？晚上收工后，夫妻俩躺在几条板凳拼起来的床上开始琢磨。

李春花自言自语地说："早上喝稀饭是中国人的传统，那么改在中午或者晚上喝稀饭行不行呢？""是啊！为什么不能把稀饭当成正餐做呢？！"思路一打开，两个人便顺着这个方向热烈探讨起来。最后夫妻俩决定：把稀饭做成正餐，推出营养可口的"荤稀饭"。

第二天，他们就开始分头行动起来：丈夫辜强负责搞"研究"，就是熬稀饭；李春花继续研究"战略"。为了创建属于自己的稀饭品牌，她给自己的稀饭取了一个通俗易记的名字——李姐稀饭大王。

夫妻俩各司其职，配合默契。为了创建"稀饭大王"的品牌，辜强在几个月时间内研究出了十几种荤稀饭。同时，负责外联的李春花又在双流电视台做了一系列广告，于是这一招还真灵，许多人纷纷赶来"李姐稀饭大王"想尝尝鲜。客人们吃完后个个赞不绝口，都觉得稀奇，因为他们从来都没见过稀饭也可以做出这么多花样来，于是很快就形成了固定的消费群体，并且在不断壮大。

2001年，夫妻俩再接再厉，又开了几家分店。李春花还跟随社会形势，注册了"李姐稀饭大王"的商标。他们夫妻凭借自身努力，终于成功开创了自己人生的新天地。

如果你拥有了让生活变得公平的资本，你的生活就会改变。要获得"资本"就要付出汗水，要做到"人无我有，人有我优"，做到了这一点，你就掌握了生活的主动权，生活就总是呈现公平的一面。

这是因为许多不公平的经历我们是无法逃避的，也是无法选择的。我们只能接受已经存在的事实并进行自我调整，抗拒不但可能毁了自己的生活，而且可能会使自己精神崩溃。因此，人在无法改变不公和厄运时，要学会接受它、适应它，把不公平的现状甩在身后，就会创造不一样的生活，从而获得成功。

其实，这个社会所谓的公平，就是每个人对自己期望的看法而已。你认为的公平不一定是我认为的公平，只有双方都认可的公平，才是真正的公平。况且很多人有着强烈的愿望改变自己不公平的处境，所以对公平的理解也各不相同。但是有一点，无论你以前怎么想，一定要认真领会一句话：人生在世，不可能有绝对的公平，只有奋发图强，努力改变！

适者生存，不适者就会被淘汰

适者生存，这是人类一切问题的答案。试图让整个世界适应自己，这便是麻烦所在。试图让一切适应自己，这是很幼稚的举动，而且是一种不明智的行为。

在广袤的非洲大草原上，一天早晨，东方刚刚露出鱼肚白，一只羚羊从睡梦中猛然惊醒。它的同伴对它大喊："赶快跑，如果慢了，就会被狮子吃掉！"

于是，羚羊起身就跑，向着太阳升起来的方向飞奔而去。

就在羚羊醒来的同时，一只狮子也惊醒了。它看到有几只羚羊在跑，它不由得想："赶快跑，假如跑慢了，就没饭吃，我已经好长时间没有品尝过肉的滋味了，如果再这样继续下去，岂不是要活活饿死了。"

于是，狮子起身就跑，也向着太阳奔去。

它们谁都是没命地跑，前边的羚羊看到身后有狮子，所以跑得飞快；后边的狮子看到前边有食物，没命地跑。

谁跑得快谁最后就能生存。一个是自然界兽中之王，一个是食草的羚羊，虽然之间有着等级差异，实力悬殊，但都同时面临着一个问题——如果羚羊快，狮子就要饿死；如果狮子快，羚羊就会被吃掉。这个故事带给人们很多启发，也许很多时候我们对明天都有许多惶惶的期待，无论是处于狮子还是羚羊的地位，大可不必想太多，往前跑就是了。因为千古不变的生存法则永远都是适者生存。

狮子和羚羊的生活现状是这样的，我们每个人的职业发展又何尝不是这样呢？在机遇面前人人平等。如果自己不主动地去竞争，那么就会面临被别人排挤，甚至被别人吃掉的危险。就业形势日益严峻，在职场拼杀的白领们不敢有一丝的懈怠，唯恐"砸"了手中的饭碗。已被划入"老员工"行列的三四十岁的白领们，眼见着学弟学妹们拿着硕士、博士学历，意气风发地加入自己的行列中，不自觉地就会心跳加速、血压上升。然而，这个年龄的人已不像新手们那样了无牵挂，他们上有老下有小的，工作压力也越来越大，公事、家事早已压得他们进入了亚健康状态。可看着后来者们"虎视眈眈"的样子，原地踏步只能是死路一条。

毕业于哈佛大学的美国哲学家詹姆斯说："你应该每一两天做一些你不想做的事。"这是一个永恒不变的真理，是人生进步的基础和上进的阶梯。有一句名言与这个观点相同："容易走的都是下坡路。"辩证法中量变质变定律也讲，量变积累到一定程度就会发生质变。所以不要奢望个人的进步能够立竿见影，只要每天进步一点点就行了。

让自己进步的方法很多，"每天做点困难的事"，就是"逼"自己进步的办法之一。如果你是一位营销人员，但是当众演讲又是你最发怵的事情，那你就每天"逼"自己对着镜子练习讲话；如果你是一位公关人员，但是你恰巧又是一个内向的人，那你就每天强迫自己主动与主要的业务伙伴联系，或是打电话，或是发 E-mail，或是相约见面；如果你从中学就讨厌学外语，可是你要想获得在职硕士学位，就不得不硬着头皮，每天逼自己练习听力、复习语法，再一口气做完一套模拟试题……

"每天淘汰你自己"，因为你不这样做，社会就会淘汰你，这是我们应告诫自己的一句话。事实上，我们所处的生存空间正在被无限压缩。20 世纪 70 年代的时候，欧美一些未来学家曾经预言："当人类跨入 21 世纪时，每周的工作时间将压缩到 36 小时，人们将会有更多的时间提升自我，休闲娱乐。"

但历史的脚步真的迈入 21 世纪时，人们却惊讶地发现，相当多的人每周的工作时间在无限延伸，甚至超过了 72 小时，而有不少人被市场无情地淘汰，而那些每周工作时间在不断延伸的人们却是愈加发奋地提升自我。未来学家们的美好预言被残酷的事实无情地击了个粉碎！假如你不淘汰自己，可能就会被别人淘汰。

今天生存的这个社会空间已经不是论资排辈、倚老卖老、悠闲自得令人喘气的轻松时代，随时都会被突如其来的风暴把自己多年经营的梦想击得粉碎，让你无法面对。唯有不停地努力，不停地找准自己的立足点，勤奋地用别人双倍的艰辛来完成自己的使命。天上不会掉馅饼，生活中没有免费的午餐等着你。如果你有片刻的懈怠和侥幸心理，生活就会给你开个不小的玩笑，让你哭笑不得。

几年前在某中外合资企业担任网络通信设备销售经理的一位人才，几年来一直忙于日常事务，在"干杯"声中翻过了日历。今天，他的下属学历比他高，能力比他强，经验也在数年的商海中获得了积累，羽翼日渐丰满，销售业绩惊人，在公司最近的绩效考评中名列第一，迅速淘汰了他这位上司，留给这位上司的是岁月的蹉跎和时光的惋惜。

这个事实告诉我们，当你安于现状的时候，要时刻给自己提个醒，历史的脚步不会因为你稍停片刻而停留在你的时间范围内，它正以每秒匆匆的嘀嗒声从你的身边悄然离去，不要让不争的事实成为自己悔悟的笑柄。

倾听是引领成功的一把金钥匙

倾听是与人沟通的最基本的技巧，听与说有同样的魅力。沟通是构建人际关系的基石，在与他人沟通的过程中，做一个好听众是很重要的，世界顶级魔术师大卫·科波菲尔说："我并没有什么超凡的能力，我觉得自己的成功可能是因为我善于倾听别人说话，从别人的想法中获得灵感，然后将这种灵感融入艺术中。"

真正的成功者善于聆听，他们的谦虚来自高度的自信。而那些自命不凡、心胸狭隘、闭目塞听的人，他们的自负实际上是无知的表现。自信是睿智的果实，睿智将因善于聆听而更睿智。

在一次会议上，微软总裁比尔·盖茨受到严厉指责，一名技术员旁敲侧击地指责公司开发网络浏览器滞后。对于他的指责，比尔·盖茨略一沉吟，决然自责，并向与会者诚恳道歉，此举也宣告了"微软"经营方向的转型。比尔·盖茨后来谈起这件事时说："我不想在面子问题上浪费时间，那是没有意义的。特权会使人腐化，但我想保持前进的动力。"从当年只有闯劲的毛头小伙一跃成为世界首富，这样的成功并没有闭塞盖茨的耳朵，学会聆听，无疑是他成功的重要原因之一。

从人性的本质来看，每个人都有向人诉说的需求，他们喜欢讲述自己的事情，希望别人听到与自己有关的东西。在这个时候，我们要做一个好的听众，只有这样，别人才会感觉到我们对他的尊重与重视，从而也就会获得好的结果。

纵观多数成功人士，他们都是善于聆听的人，通过倾听，从别人的谈话中掌握更多有用的东西，然后对它们加以利用，从而获得成功，顺利地达到自己的目的。

艾特森是一位成功的销售大师，他曾是纽约某座椅公司的普通员工。有一次，他想与乔治·伊斯曼做一笔生意。乔治·伊斯曼因发明了感光胶卷而成为世界上最有名望的商人之一，他在曼彻斯特建过一所伊斯曼音乐学校。同时，为了纪念他的母亲，还盖了凯伯恩剧院。

艾特森认为乔治·伊斯曼是一个大客户，想得到这两栋大楼的座椅订单。当时，艾特森同负责大楼工程的建筑师通了电话，约定拜见伊斯曼先生。

在见伊斯曼之前，那位好心的建筑师向艾特森提出了忠告："我知道你想争取到这笔生意，但我不妨先告诉你，如果你占用的时间超过 5 分钟，那你就一点希望也没有了，因为他很忙，所以你得抓紧时间把事情讲完就走。"

当艾特森被领进伊斯曼的办公室时，伊斯曼正伏案处理一堆文件。过了一会儿，伊斯曼抬起头来，说道："早上好！先生，有事吗？"

自我介绍之后，艾特森诚恳地说道："伊斯曼先生，当我在外边等你的时候，我很羡慕你，假如我能在这样宽敞的房子和这样高雅的内部装修的环境里工作，将是一件令人羡慕是事情，我还从来没有见过这么有格调的办公室呢。"

"这间办公室很漂亮，是不是？当初盖好的时候我就很喜欢，但是现在，因为公事繁忙我甚至坐在这里几个星期也无暇看它一眼。"伊斯曼叹气道。

艾特森一边听着一边走过去用手摸着一块镶板，那神情就如同抚摸一件心爱之物："这是用英国的栎木做的，对吗？英国栎木的组织和意大利栎木的组织就是有点儿不一样。"

伊斯曼答道："不错，这是特地从英国运来的栎木，是一位专门同细木工打交道的朋友帮我挑选的。"随后伊斯曼领着艾特森参观他自己当初帮忙设计的房间配置及雕刻图案、选择的油漆颜色，等等。

接下来，伊斯曼带艾特森又参观了那间房子的每一个角落，他把自己参与设计与监造的部分——指给艾特森看。他还打开一只带锁的箱子，从里面拉出他的第一卷胶片，向艾特森讲述他早年创业的艰辛；讲述小时候家中一贫如洗的惨状；讲述母亲的艰辛；讲述自己怎样没日没夜地在办公室搞实验……对于伊斯曼的讲述，艾特森认真地听着，并恰到好处地配以表情。

最后伊斯曼对艾特森说："上次我去日本时买了几把椅子回来，日子久了油漆就晒褪色了，我从商店买了一点漆自己动手把那几把椅子重新油了一遍。你想看看我漆椅子的活儿做得怎么样吗？这样吧，你和我一同去我家共进午餐吧，饭后我再给你看。"

当伊斯曼说这话时他俩已经聊了两个多小时了。吃罢午饭，伊斯曼把从日本带回来的椅子指给艾特森看，那些椅子每把不过175美元，但是伊斯曼对椅子格外珍惜，因为那是他亲自动手油的。对伊斯曼如此珍视的东西，艾特森自然大加赞赏。最后，艾特森轻而易举地得到了伊斯曼音乐学校和凯伯恩剧院两栋大楼的座椅生意，共计9万美元。

二人不仅生意上合作得红红火火，艾特森和伊斯曼还成了好朋友，每当艾特森有困难时，伊斯曼都会帮助他、指引他，在伊斯曼的帮助和自身的努力下，艾特森获得了成功。

从这个故事中可以看出，艾特森成功地获得了伊斯曼的订单，除了他善于赞美人外，他还善于聆听，并从中掌握他人的喜好也是艾特森销售成功的原因之一。

善于倾听、懂得倾听是一种谦虚的表现，也最能体现一个人的优秀品质。没有人能忍受喋喋不休的人，也没有人愿意听一个人不停地说话。自以为是、唯我独尊的人是绝不会去倾听的，同时他们也得不到别人的倾听。只有谦虚的人，才会倾听，别人才会向他倾诉衷肠；也只有谦虚的人，才能听到真正的心声。

在交际场上，人们总是认为能说会道的人才是善交际的人，其实，善于倾听的人才是真正会交际的人。一个冷静的倾听者，不但到处受人欢迎，且会逐渐知道许多事情。而一个喋喋不休者，像一只漏水的船，每一个搭客都会赶快逃离它。话说多了，难免会有言过其实之嫌，认真倾听就远没有这些弊病，并且常常会有意想不到的收获。例如，蒲松龄因为虚心听取路人的述说，记下了许多《聊斋志异》中的故事；唐太宗因为谦虚听取大臣的意见而成为一代明君。

认真倾听他人的谈话和意见，使用恰当的语言同他人交流和沟通思想，这种"听"和"说"的技能是人际交往的重要环节。有不少研究表明，也有大量事实证明，人际关系失败的原因，很多时候不在于你说错了什么，或是应该说什么，而是因为你听得太少，或者不愿意倾听所导致的。一位心理学家曾说："以同情和理解的心情倾听别人的谈话，我认为这是维系人际关系、保持友谊的最有效的方法。"相反，如果你一味地以自我为中心，不断地谈论你自己，你将被视为一个极度自私的人。

倾听，是对他人的一种恭敬，一种尊重，一种理解。如果你学会了认真倾听，你就会赢得友谊，赢得尊重。做一个聆听者，是谈话艺术当中一项重要的条件。因为能静坐聆听别人意见的人，必定是一个富于思想和具有谦虚柔和性格的人，这种人在人群之中，最先也许不大受人注意，但事后将是最受人尊敬的，同时他也是最成功的人。

成功需要经历更多的风雨

当遭遇苦难的折磨时，请不要立刻转身逃避。要知道，陷阱往往就在你的身后，当你由于害怕而躲避退后的时候，说不定被它逮个正着。所以请你继续向前，彩虹总在风雨后出现。

汶川大地震曾让许多人的家园变为一片废墟，离开的人让我们知道生命是如此脆弱，而活着的人也让我们看到生命还可以如此坚强。胆怯害怕是没有任何意义的情绪，我们只有坚持、坚定地活下去，才能重建美好的家园。

是苦难，将心与心的距离拉近，让我们体会到了人间真情，让我们读懂了生命的可贵。面对苦难，我们应该感激它，感激它赐予我们机会，让我们能够更深刻地领悟人生，发现自己的价值，认清自己的缺点，指正自己的方向。要知道，在这个世界上，每一个人都在经历着只属于自己的苦难，每一个人都恪守着自身独特的苦难历程，用自己的方式活着，守护着属于自己的命运。

世界上没有一条路是重复的，也没有一段人生是可以替代的。在追求梦想的道路上，任何一次苦难都是唯一的。只要你善于在苦难中找寻收获，在苦难中，找到属于你的方向，而千万别让苦难战胜了你！

在一次在聚会上，汽车商艾顿向他的朋友回忆起他的过去，其中包括后来大名鼎鼎的英国前首相丘吉尔。艾顿说他出生在一个偏远小镇，父母早逝，是姐姐帮他洗衣服、干家务，辛苦挣钱将他抚育成人。可是当姐姐出嫁后，姐夫便将他撵到舅舅家，舅妈很刻薄，在他读书时，规定每天只能吃一顿饭，还得收拾马厩和剪草坪。刚工作当学徒时，他根本租不起房子，有将近一年时间是躲在郊外一处废旧的仓库里睡觉……

丘吉尔觉得不可思议——他从没有说过这些！艾顿却道出了其中原委：当你地位卑微的时候，没人关注这些，这无异于浪费时间，倒不如认真经营，尽快争取成功。

丘吉尔心头一颤，这位曾经在生活中失意、痛苦了很久的汽车商又说："苦难变成财富是有条件的，这个条件就是，你战胜了苦难并远离苦难不再受苦。只有在这时，苦难才是你值得骄傲的一笔人生财富。"

艾顿的一席话，使丘吉尔重新修订了他"热爱苦难"的信条。他在自传中这样写道：苦难是财富，还是屈辱？当你战胜了苦难时，它就是你的财富；可当苦难战胜了你时，它就是你的屈辱。

任何人的一生都不可能是一帆风顺的，只有经得起苦难考验的人生才是有价值、有意义的人生。在经受苦难的过程中，如果你还没摆脱苦难的纠缠，请别说你正在享受苦难，这在别人看来，无疑在请求廉价的怜悯甚至乞讨，也别说正在苦难中锻炼坚韧的品质，别人只会觉得你是在玩精神胜利、自我麻醉！

每一分苦难都是成功前的一种收获，可如果你无法战胜它，那么你永远没有权利说你在苦难中收获了什么。这在别人眼里，只不过是你在为自己面对困难时的逃避找的一个借口！善待苦难，正视苦难，只有你拥有了承受苦难的意志，你才有可能真正战胜苦难，享受苦难给你带来的收获。

海顿出生于奥地利南方边境风景秀丽的罗劳村，海顿的音乐天赋在他童年时就已显露出来，加之天生的一副好嗓子。8岁时他就被选进多瑙河畔著名的海茵堡教堂和维也纳的圣史蒂芬教堂唱诗班。这里，他如鱼得水一般刻苦学习声乐、钢琴与音乐理论，从不放过每一次观摩学习的机会。可是从16岁开始，他甜美的歌喉开始逐渐沙哑。有一次奥地利女皇在欣赏圣史蒂芬教堂唱诗班合唱时，突然听到合唱队里传出不协调的声音，女皇当场讽刺他："你的声音听起来好像树梢上的乌鸦叫！"就因为女皇的这句话，海顿被唱诗班解雇，流落街头。

流落街头的海顿先后给贵族当过仆人，看过大门，当过邮差，擦过皮鞋……但是穷困的生活并未使海顿对音乐失去信心，而是珍惜这段难忘的经历，忘我地投入到各种街头演奏、家庭重奏音乐会中，更加频繁地接触维也纳的音乐，孜孜不倦地埋头创作。后来终于成为一代音乐大师。

海顿的身材十分矮小，走在大街上，常常使那些音乐迷们怀疑："这是否真是音乐大师海顿？"音乐是没有国界、没有阶层的，海顿其貌不扬的外表下有着一颗十分善良、淳朴的心。

海顿的一生创作作品惊人，其中仅交响曲就多达 100 部。正是凭着那十几年的流浪生活，使他认识了人间的苦难；了解了平民的呼唤；参透了大自然最真实的声音。苦难中充满朝气，语言质朴乐曲流畅，后人尊称他为"交响乐之父"。

如果没有女皇的讽刺，海顿的一生将改写；如果海顿在十年的流浪生活中，放弃了对梦想的追求，在苦难面前低下了头，那么世界上将会少了一个音乐家。

其实，很多时候，苦难并不可怕，可怕的是你不敢正视它，不敢揭开苦难的面纱。真理和谬论往往就在一瞬之间，每个人都会碰到，只有你自己才能真正地化苦难为动力。就像当你饿的时候，就算身边的人帮你吃再多，你也不可能饱！

珍惜苦难带给你的收获，不要在遭遇苦难的时候吹嘘自己的勇敢，不要以为苦难的收获触手可及，只有当你真正战胜苦难获得成功的时候，你才是把收获攥在手里。

我国女足最喜欢的一首歌是《铿锵玫瑰》，其中最让人萦绕脑海的一句歌词是"风雨彩虹铿锵玫瑰，再多忧伤再多痛苦自己去背"，不经历风雨的花朵始终无法适应大自然的洗礼，是成不了芳香四溢的花朵的。

不断挑战自己，超越自己

> 一切的不可能只是看上去很吓人，其实不然，一切的不可能都
> 是纸老虎，只要认真对待，没有克服不了的困难，除非你被吓怕了……

你不可能这样，不可能那样。我们经常听到这样的言论，认为那些事情是根本没有办法去想，更没有办法达到的。因此很多人在这种不可能面前倒下，使自己的人生没有任何起色，没有任何精彩，最终平庸一生。只有那些天生喜欢挑战的人不相信这些不可能，勇敢地向不可能宣战，努力使自己达到想要的结果，朝着理想的方向艰难前行。

谁说天才的脑袋只长在别人身上，谁说幸运的号角只能为别人吹响，人和人是平等的，没有什么是不可能改变的。即使一个小小的改变，即使一个小小的突破，也是向命运的宣战，也是对"不可能"的蔑视。

我们当然不可能成为姚明和菲尔普斯，他们有天生的优势。但是，每一个人，完全有可能成为陈天桥，成为马云，成为商界才子、社会精英。

霍金是当代最杰出的科学家之一。他证明了宇宙大爆炸的奇点定理，又结合量子力学和广义相对论，创出黑洞辐射的学说，被誉为继爱因斯坦后最杰出的理论物理学家之一。他出版的《时间简史》更是全球最畅销的科普著作之一。霍金除了是一位杰出的科学家以外，他同时还是一位肌肉萎缩症的患者，全身瘫痪，甚至丧失了说话能力，要靠电脑和语音合成器发声。霍金非凡的科学成

就和严重的残障，使他成了学术界的一位传奇人物。

霍金于 1942 年 1 月 8 日出生于英国牛津，而那天正是著名科学家伽利略逝世 300 周年的日子。他在年幼时，已展现了数学和物理方面的天分，而且非常喜欢发问。之后，他就读于牛津大学，并以自然科学一等荣誉学位毕业。那时，霍金却发现自己的身体变得越来越笨拙，有时甚至会无缘无故地跌倒。当霍金 21 岁正在剑桥大学研究宇宙学时，他被诊断出患有运动神经元病，就是俗称的肌肉萎缩症。当时，医生也束手无策，只是预料他的病情会不断恶化，也许只能活上数年。

霍金在刚知道自己身患绝症时，也受到了一定的冲击。他不明白这样的事为何会发生在自己身上，不明白他的人生为何要这样终止。但当他在医院看见一位因白血病而死的男孩时，他明白到，无疑有人比他更不幸："每当我想为自己感到悲哀时，我便会想起那个男孩。"

在被诊断得病前，霍金曾经觉得生命很无聊。但那时他突然发现，若然自己能暂免死亡，就可以做很多有意义的事情："我曾经梦过几次，我将牺牲自己来拯救他人。毕竟，若我无论如何也要死去的话，也可以做一点贡献。"霍金表示，虽然他的未来被蒙上了阴影，但他竟比以前更享受生命了。

霍金又在 1985 年得了肺炎，要接受气管切开手术，之后便失去了说话的能力，还要接受 24 小时的护理照顾。此后，他便要利用轮椅上设计的一部小型的电脑和语音合成器与外界沟通。这个语音合成器，给了这名英国科学家美国口音。

"只要有生命，便有希望。"霍金无论生命如何困难，总会有一些事情做得到，并达到成功。在学术方面，霍金的道路远比他的人生道路平坦。他在剑桥大学完成博士学位后，便继续留在那里进行研究工作。他在 1973 年离开了天文学院，在 1979 年受聘为应用数学和理论物理学院的卢卡逊讲座教授。

霍金的研究对象是宇宙，但他对观测天文从不感兴趣，只有几次用望远镜观测过。与传统的实验、观测等科学方法相比，霍金更重视直觉带来的灵感。

20世纪70年代，霍金正式向世界宣布，认为黑洞并不会是完全黑暗的，而且在不断地辐射出X光、伽马射线等，最后，黑洞将会蒸发并消失。这个理论，后来便被称为"霍金辐射"。在此之前，人们认为黑洞只吞不吐。霍金对量子宇宙论的发展做出的贡献，让他获得了1988年的沃尔夫物理奖。

霍金的成功之处在于向无数的不可能宣战，不断挑战自己，不断超越自己，让一个又一个不可能成为现实，这样的人生才有意义。人生不会重来，不会复制，不会彩排，多一分努力，才能多一分成功的可能，少一分失败的痛苦与茫然。虽然身体受到了限制，但是思想和精神是不会被禁锢和停止的，只要努力克服困难，就能把不可能变为可能。

永远保持一种积极向上的心态；永远保持一种乐观豁达的心胸。只要自己坚持并不停地努力，自然就会有成功的可能。只要自己不认输投降，就还有继续参加比赛的资格；只要自己不主动放弃，这个世界上就没有任何力量能让你停下来。

在非洲中部地区干旱的大草原上，有一种体形肥胖臃肿的巨蜂。巨蜂的翅膀非常小，脖子也很粗短。但是这种蜂在非洲大草原上能够连续飞行250公里，飞行高度也是一般的蜂所不能及的。它们非常聪明，平时藏在岩石缝隙或者草丛里，一旦有了食物便立即振翅飞起。尤其是当它们发现这一地区的气候开始恶劣，就要面临极度干旱的时候，他们会成群结队地迅速逃离，向着水草丰美的地方飞行。而其他的蜂类就不同了，一旦遇到恶劣的天气，成千上万的蜂往往束手无策，在顷刻之间就无影无踪了。这种强健的蜂因而被科学家们称为非洲蜂。

但是科学家们对于这种蜂却充满了无数的疑问。因为根据生物学的结论，这种蜂体形肥胖臃肿，翅膀非常短小，在能够飞行的物种当中，它是飞行条件最差的。如果比飞行条件，它还不如鸡、鸭、鹅优越。尤其是在蜂的大家族里，它更是身体条件最差。而根据物理学的理论，它的飞行就更是不可思议的事情了。因为根据流体力学，它的身体和翅膀的比例是根本不能够起飞的！

按照物理学家的理论，这种蜂不要说自己起飞，就是我们用力把它扔到天空去，它的翅膀也不可能产生承载肥胖身体的浮力，会立刻掉下来摔死。

可事实却是恰恰相反的，它不仅不用借助我们的力量，完全依靠自己的力量飞行，而且是飞行的队伍里最为强健、最有耐力，飞行距离最长的物种之一。

生物学家和物理学家们从来也没有遇到过这样的挑战，因为在这个小小的物种面前，所有关于科学的经典理论都不成立。科学家们知道了这个故事之后，告诉严谨的生物学家和物理学家说：没有什么奇异的秘密，它们天资低劣，但是它们必须生存，而且只有学会长途飞行的本领，才能够在气候恶劣的非洲大草原生存。而那些条件稍微好些的物种就不同了，它们天资好些，它们会飞行，也就不再刻苦练习求生的本领了。

人类的知识虽然表面上已经极其丰富，但对于这样一个丰富多彩的世界来说，仍有许多现象无法用现在的知识体系进行有效地解释。所以我们不要对别人创造奇迹感到惊讶——这个世界上，没有什么是不可能的。之所以不可能，是因为你还有退路，或者没有掌握原理……总之，就是你知之甚少。

所有的经验和知识都会随着认知的进步而改变，不是一成不变的，只要你有无比的信心和勇气，一切都是可能的。如果不曾试过就武断地认为某事是不可能完成的任务，这是故步自封、自断前路的做法，是不可取的。

第三章

动起来，世界才是你的

笃行是成功者必备的特质

笃行是追求人生目标不可缺少的要素，它会使人每天都进步，并不断带来成功。成功学家胡巴特对"人生奋斗"也有非常独到的解释：这个世界愿对一件事情赠予大奖，包括金钱与荣誉，那就是"行动"。

我们都知道行动的重要性。那么，什么是行动？行动其实很简单，就是主动去做应该做的事情。

许多人都曾幻想过，幻想着某一天有个人走过来对你说："先生，您继承了远房亲戚的千万元遗产，现在需要您签字确认。"当听到这个消息后，你心里高兴坏了，心说"平地一声雷，陡然而富了"，之后你一激动——一下子就回到了这个现实世界。其实，这只是个梦，这样的好事是砸不到我们头上的。平心而论，谁都希望自己买彩票能中 500 万元，谁都希望自己能得到一笔横财。但是中国 13 亿人，有限的可能性是无法依靠好事落到你的头上，要想成功，还是要踏踏实实地行动、勤勤恳恳地劳动，如果整天指望着有这种好事，恐怕早就吃完上顿没下顿了。

财富，是生活对一个追求成功的强者的肯定。致富不是一种想法而是一种行动。任何财富的获得，都包含着积极的行动。一个缺乏行动力的人，他的生活是不景气的。许多穷孩子都想到过一些可行的好项目，但是他们没有信心和底气，不是半路放弃就是决定"等等看"。

其实，敢于在有六成把握的时候全力以赴，成功的概率就可能在80%以上。经验总是在实践中积累下来的，不实践你永远摸不清财富的门道。

晚动不如早动，既然有一个想法可以看到希望，你就要努力"把生米煮成熟饭"，改变惰性和保守，去攫取第一桶金。如果你连想改变的勇气都没有，就只能跟机会说拜拜了。

穷孩子就要有一股不甘人后的升腾之气。改变贫穷，就是用行动解决现实问题，在困难面前"步子大一点"。

战国时，当李斯还是楚国的小官时，就注意到不同环境下老鼠的不同表现：厕所里的老鼠长期吃脏东西，体形又瘦又小，一见到人就吓得抱头鼠窜；粮仓里的老鼠吃五谷杂粮长大的，又肥又大，一点儿也不怕人，即使被人大声呵斥，也只是不远不近地跑开。同样是老鼠，为什么境况如此不同呢？李斯思索许久，感慨地说："我要做粮仓里的老鼠！"几经辗转，李斯来到了秦国，向秦王嬴政提出一系列的治国方略，深得秦王赏识，被任命为宰相，成为"粮仓里的老鼠"——彪炳千秋的一代名臣。

李斯慧眼识人，果断走出没有发展空间的楚国，去了可以施展才华的秦国，这一过程不仅体现了他的眼光，更体现了他的行动力。李斯靠学识和行动，谋得了一份有前途的工作，成为把握自己命运的舵手。李斯在楚国是穷人，在秦国却变成富人，究其原因在于他敢于转变思路，主动向好的平台和好的老板要工作。穷孩子的脑袋里如果装有"行动"二字，那就离富人不远了。

贫穷的孩子需要将致富想法武装到全身，做事一定要避免光说不练和投机取巧，否则是无法实现你的计划的。行动才是实现理想最近的道路。除此之外，一切都是虚幻的、不真实的。如果你希望自己的未来能过上一种优越的生活，那么从现在起就要去除思想上的保守观念，改掉阻止前行的陋习，行动起来，努力改变现状，相信自己一定会成功。

能力是靠行动来实现的

　　有人说，学历是张纸；有人说，学历是块敲门砖；还有人把学历当成衡量人才的重要标准。毋庸置疑，学历与能力有着一定的联系。学历高，知识积累会多一些、深一些，这为形成实际工作能力打下了基础，但这并不直接等于实际工作能力。

　　现在大学生找工作可谓非常困难，高学历不一定能获得好工作。在现实生活中，有同样学历的人比比皆是，但是他们的人生却大相径庭。答案很清楚：学历也许能帮助你跨过就业招聘的门槛，但是在一个人的人生之路上，真正推动其发展的往往是个人的能力。

　　高奇是一所名牌大学新闻系毕业的博士生。在学校，他年年拿国家奖学金，每次考试成绩都名列前茅，是老师眼中引以为傲的才子。毕业后，高奇进入一家新闻单位，一个月下来，他竟然写不出像样的新闻报道和新闻评论。总编多次找他谈话，他说是自己经验不足。

　　三个月后，高奇仍然没有明显的进步。让他和前辈一起去采访尚能完成工作任务，如果让他单独完成采编任务，他就会手足无措，采访前一天还会紧张不已，事后写出来的稿子也难以让人满意。

　　在单位，高奇不仅无法适应工作，在人际交往上也显得很笨拙。他经常是一个人独自吃饭，下班也不和大家打招呼就急匆匆地离开。实习期是一年，但半年后，这家新闻单位就解雇了他。虽然他的学历很高，但缺乏身为记者的基本能力和素质。

创造业绩靠的不是任职前的学历，而是靠任职后的实践经历和创造能力。任职前学历高与任职能力强并不完全成正比。伯乐相马，主要是看马能否跑千里而不是看马的出身。所以，现在越来越多的单位在招聘人才时，正逐渐由重视"学历型"向重视"能力型"转变。

有这样一则新闻报道：在一次人才招聘会上，一位毕业生手上拿了十多个证书，如英语六级证书、计算机等级证书、教师资格证书、法律职业资格证书、注册会计师证书等，本以为能轻松地找到工作，可奔波一天后，竟然没有一家用人单位愿意聘用他。经采访才知道，有些用人单位并不喜欢这种靠"证书"求职的人，认为他们没有确定的求职意向。其实，用人单位更注重应聘者的语言表达能力、反应能力、综合素质等。

现在有很多大学生往往忽视对知识的积累和个人能力的培养，转而热衷于盲目地参加各种培训班，参加各种职业和专业资格考试，以取得尽可能多的资格证书。但是有一点必须明确，有证书不等于有能力。如今的用人单位在招聘人才时主要注意应聘者是否有真才实学，是否有实干精神，是否能为本单位创造可观的经济效益。一个只会夸夸其谈的人是无法获得公司对他的重视的。

在韩国，有一个每年仅靠一个游戏软件就能创造400亿韩元的"在线游戏软件"公司总经理，他只有高中学历。这家公司的员工有高低不同的学历，公司对员工的评价和待遇不按学历排序，而是按他的发明创造、实际业绩和对社会的贡献。

在韩国的游戏软件、IT等领域，他们为了实现产业的自我提升而打破自身的固有观念，正因为如此，这些领域的创新成就凸显，走在世界的前列。海尔集团在招聘员工时，不是坚持传统的"伯乐相马"，而是坚持现代的"伯乐赛马"，对求职者的素质和实践能力进行现场考察，然后决定录用与否。

在中央政策的鼓励下，某城市的党政机关吸收了一批刚毕业的本科生、研究生直接进入干部队伍，王鹏就是其中一员。王鹏具有硕士学历，理论知识扎实，但由于是出了校门就进机关部门，缺乏实践经验，平时又不爱向别人请教，虽然工作一直很努力，但碰到问题就手足无措了。

后来他又利用非工作时间准备读博，把主要精力放在考取文凭上，平时的工作就更不上心了，因此，很快他就被淘汰出局。

我国高等教育产业高速发展的今天，学校的"产能"已经远远超过了社会所需。所以，当求职者慨叹一毕业就等于失业，大学生就业难于中专生就业，甚至连越来越多的"海归"们也开始感叹就业难的时候，人们开始重新审视高学历的必要性。

现在，我们的社会已由以往的学历时代逐渐过渡到能力时代。有了金刚钻，不怕揽不到瓷器活儿。只要拥有真才实学，有不怕吃苦的实干精神、创新精神和创业意识，主动向用人单位推荐自己，就不怕找不到一份属于自己的工作，就不愁在社会上找不到立足点。尤其对大学生而言，在注重夯实基础理论、专业知识和社会人文知识的同时，要重视实践学习的环节。如做好实验、计算机操作、实习、毕业设计及社会调查，提高自己的动手能力、科研能力和创新能力，使自己既能动口又能动手，无论是在理论基础还是实践操作方面都有很强的竞争力。

学历只能证明你的学习能力，但无法体现你的应用能力和社会适应能力。所以，学历和能力是两个截然不同的概念，不能相提并论。学历只是一个凭证，而真正的能力才是走向成功的通行证。

行动才是创造财富的唯一途径

> 我们常说：要好好规划一下近期的事情，整理一份计划出来作为行动的指导。这个方式并没有错，可惜问题在于我们很多人会花去很多时间用于冥思苦想计划到底该怎么写，而大大地缩减了付出行动的时间。

一个只有初中学历，没有上过大学，甚至一点儿英语也不知道的人，居然能够成功运作中国创业商机门户网站——"青年创业网"，25岁就完成了从零到百万富翁的跨越，就是因为他敢闯敢干，能把想法付诸行动。

2001年黄新伟17岁。那年，他的初中学业因故结束。他从小逻辑思维能力非常强，但是偏科，因此错过了进重点高中学习的机会。他的父亲是一个非常开明的人，深知以这孩子的头脑在农村过"面朝黄土背朝天，土里刨金修地球"的生活浪费了材料，于是四处打听，最终决定把儿子送到武汉一家计算机集训学校，利用他的特长，学习热门专业——平面设计。同时，也因为这个专业的学历要求门槛比较低，学费也是家里可以承受的。

尽管学费相对较低，但是对于只种地的农民家庭来说，也是一笔不小的开支。父亲嘱咐他要好好学习，学不成的话钱就打水漂儿了。他郑重地向父亲保证："学不成，誓不还！"14个月的刻苦学习为以后成为中国网络创业的领头羊奠定了坚实的基础。

去学校集训期间，他深深地迷上了网络，一有时间就在网上收集一些创业方面的信息。当时很多大型国有企业正在转型，人们的观念正在改变，创业已经非常流行。但是他发现提供这方面资讯的网站不仅数量少而且大都不全面，有些还是收费的，对于没有资金想创业的人来说非常不便。

当时，他就萌生了这样的想法：如果能做一个创业商机的网站，把创业资讯和创业项目整合在一起，帮助那些想创业的年轻人，肯定会产生巨大的社会效益。但当时的他还是个学生，不但技术方面欠缺，更重要的是没有资金。

一年多后，他毕业了，满怀创业热情的他决定和几个室友去深圳那个物竞天择的地方闯闯。但是，他一没经验，二没有英文基础，三没有学历，连进公司都非常难，只能找一份做计算机培训的工作，而且工资很低，他咬牙坚持半年后，辞职又开始了打工的第二站。

这次，他应聘进了一家大公司，从事的正是他想做的行业——网站建设。而这家公司的招聘条件很特别：不看学历、年龄、履历、户籍、性别等，公司对应聘者曾经拥有过的"光环"不感兴趣，而是欣赏其离经叛道的个性，要求应聘者有丰富的内涵和真知灼见的思想。这家公司看重了他敢想敢闯的经历和见识，破例从98%都是大学生的应聘者中录取了他！在这里，他终于把网站美工方面的相关知识学到了手。这时，他的理想开始发芽：做一个能够帮助大多数人成功的创业门户网站，就叫"青年创业网"。

就在这期间，一位同事的话也深深地刺激了他："宁做创业狼，不做打工狗。"他毅然放弃月薪5000元的工作，打响了实现自己目标的战斗！

豪言壮语谁都会说，但创业的道路并不如想象的那么容易。初期，网站挣不到钱，巨大的开支使他曾经多次想放弃。他又想到找工作也不是一件容易的事，即使自己有一些经验和技术，多数公司还是愿意聘用高学历的。于是，他打消了放弃的念头，决定坚持下来。

经过近三年的艰难运营，网站终于有了很大起色。网站的日浏览量已经达到了10多万，收入也大为改观，黄新伟在2008年的时候成立了自己的创业团队。现在的"青年创业网"已经发展成为业内最有影响力的创业商机门户网站，成为集创业资讯、财富人物、财富故事、创业商机、创业项目于一体的综合性青年创业商机门户网站！网站的广告收入已经超过了 10 万元！并且有了 10 多人的团队。他的目标是五年后年盈利超千万元，网站的最终目标是实现在深圳 A 股上市。

一个从农村出来，没有任何学历优势的年轻人，凭着一股热情和对事业的不断追求，通过自己的能力，实现了人生的成功。

我国由于很长时间内是按照计划经济运转的，所以很多人的思想在富裕起来之后并未发生大的改变，仍然把学历作为找寻人才的重要条件。这样，就把很多有能力的人推到了社会上，因此活跃了年轻人的创业激情。这些人在成功之后，招聘人才时认为，应聘者的素质排在首位的是行动力，因为没有行动，一切的美好计划都只能表现在计划书中，无法实现。

学会创造并抓住机会

> 对于一个死脑筋的人来说，他就会相信自己的命运，而一名活脑筋的人则会创造并抓住机会。相信命运的人随波逐流，最终会走向失败，而相信机会的人能主动出击，快速行动，最终实现自己的梦想。

市场经济犹如夏日的天气，瞬息万变——刚才还是烈日当空，转瞬之间就会风雨大作，所以要瞅准机会，就像火中取栗一样，以快制胜才是市场生存的基本法则。对于一个做事有"手腕"的商人，往往在未得到商业信息之前，静观其变，等发现机会就马上行动，绝不会拖延一步。

古语说得好，"静如处子，动如脱兔"，讲的是动与静的关系，古时是用在兵法上的。在"商机无限"的现代社会，"静如处子，动如脱兔"恰如其分地表现了商业信息时代，在未得到商业信息之前，静观其变，等发现机会就马上行动。

1875 年的春天，美国实业家亚默尔像往常一样在办公室里看报纸，一条条的小标题从他的眼睛中溜过去。突然，他的眼睛发出了光芒，因为他看到了一条几十字的时讯：墨西哥可能出现了猪瘟。

他在那个时候很敏感地就想到了：如果墨西哥出现猪瘟，就一定会从加利福尼亚、得克萨斯州传入美国。一旦这两个州出现猪瘟，肉价就会飞快上涨，因为这两个州是美国肉食生产的主要基地，所以他想这肯定是一个非常好的机会。

当时他的脑子正在运转，他抓起了桌子上的电话，问他的家庭医生要不要去墨西哥旅行。家庭医生一时间弄不清什么意思，满脑子的雾水，不知怎么回答。

亚默尔只简单地说了几句，就又对他的家庭医生说："请你马上到野餐的地方来，我有要事与你商议。"原来那天是周末，亚默尔当时已经与他的妻子约好，一起到郊外去野餐，所以，他把家庭医生约到了他们举行野餐的地方。他与他的妻子和他的家庭医生很快聚集在一起了，他满脑子都是这件事，对野餐已经失去了兴趣。他最后说服他的家庭医生，请他马上去一趟墨西哥，因为他想确定一下那里是不是真的出现了猪瘟。

家庭医生很快证实了墨西哥发生猪瘟的消息，亚默尔立即动用自己的全部资金大量收购佛罗里达州和得克萨斯州的肉牛和生猪，然后又以最快的速度把这些东西运到美国东部的几个州。

事情的发展果真不出亚默尔的预料，瘟疫很快蔓延到了美国西部的几个州。美国政府有关部门下令一切食品都从东部的几个州运往西部，亚默尔的肉牛和生猪自然在运送之列。由于美国国内市场肉类产品奇缺，所以价格抬得非常高，亚默尔抓住这个时机狠狠地发了一笔大财。在短短的几个月时间内，他就足足赚了 100 万美元。

他之所以能够赚到这样一大笔钱，就是因为他比别人更准确地把握了商机。一旦发现商机就果断出击、绝不手软。

不仅在商业是如此，如果把这一理论推导至生活的方方面面也一样运用。这便要求我们做事要有"手段"，当千载难逢的机会来临时，要主动快速出击，抓住它，借此改变自己的人生和命运，使自己的人生上一个台阶。

我国古代还有一句让人受益终身的话：机不可失，时不再来。做事时如果犹豫不决，当断不断，那你最终只会一败涂地，甚至难有容身之地，彻底失去改变自己人生的机会。

斩钉截铁、坚决果断的做事风格是获得成功的必备素质之一。当然，这里说的当机立断，首先，指的是认准行情、深思熟虑后的果敢行动，而不是心血来潮或凭意气用事的有勇无谋。宋人张咏说："临事有三难：能见，为一也；见而能行，二也；当行必果决，三也。"当机立断的另一方面，并非仅仅指进攻和发展。有时，按兵不动或必要的撤退也是一种果敢的行为，该等待观望时就要耐得住，按兵不动。该撤退时就应该撤退，这也是一种当机立断的行为。

史书中有"兵为凶器"的说法。意思是说，在万不得已时，不得出兵；但是，一旦出兵就要快速出击，从而速战速决。"劳师远征"或"长期用兵"，常常会以失败告终。

市场上，商机瞬息万变，我们一定要牢固树立这样一个观点：要想抓住机遇，出手"快"是第一法则，因为晚了就会被人一哄而上，抢光市场份额。企业决策者对机遇的嗅觉，可以说是决定企业命运的关键。民企巨头新希望集团董事长刘永好，他曾多次谈到他成功的诀窍，那就是永远快人半步，他说，正是因为"快半步"，才使希望集团长期以来充满希望。所谓"快半步"，刘永好曾在接受媒体采访时这样解释，抓住机遇比别人"快半步"，思想解放比别人"快半步"。我们比较早地"下海"、比较早地搞规模经营、比较早地做"公司＋农户"的结合进行家业产业化的开拓。因此刘永好做生意的巧妙之处就是，因为他知道"先下手为强"。

另外对于产品的创新，也只有"快"者才能迅速占领市场。谁能根据市场需求推出市场定位准、产品质量优的新产品，谁就能把握住商机，获得消费者的青睐。

当然有时候可能会处于危机当中，这个时候就需要讲究速度了，只有"快"者才能避险。在传媒十分发达的今天，企业发生的危机可以在很短的时间内迅速而广泛地传播，必将引起社会和公众的极大关注，负面作用可想而知。处理危机太慢，就会对企业形象和品牌信誉造成毁灭性的影响，其无形资产在顷刻之间贬值。像有着一百多年历史的南京"冠生园"，2001年出现的危机，使许多人至今还在问，一个好端端的南京"冠生园"，怎么说衰就衰了呢？诚然，南京"冠生园"事件，跟当时企业自身的技术、服务、质量上的问题有关。但也与其薄弱、迟钝的危机应对能力有很大关系。

与此现象相反的例子也有，就像是在2000年年底的时候，国家药品监督管理局发布暂停使用和销售含有PPA（苯丙醇胺）的感冒药剂，其中包括中美史克的几家药品康泰克、康得。尽管那个时候他们公司的实力非常雄厚，除了康泰克等药品外，还有芬必得、阿苯达唑等知名品牌生产线在正常运营，但其整体声誉和经济效益无疑都会受到很大的影响。面对危机，中美史克分秒必争地开展危机公关工作。他们立即公开宣布暂停生产和销售康泰克等药品，重新争取到了消费者的信任，企业又恢复了生机。

一件件成功的企业案例让我们懂得："以快制胜"不仅是兵家常识，更是商战之重要法宝。纵观中外企业，凡成功发达者，可以说无一不是突出一个"快"字。其实，在企业发展的各个阶段，企业的行动，倘若稍慢一步，往往山穷水尽，无路可退；稍快一步，则会出现柳暗花明又一村的景象。所以最为关键的一步就是看你有没有"快"的意识，有没有付出快的行动。

脚踏实地，不好高骛远

当今社会充斥着浮躁和急功近利之风，缺乏脚踏实地的务实精神是很多人的通病。其症状大多是：好高骛远，眼高手低；说得多，做得少；大事做不来，小事不想做。这些人整日幻想着一夜成名、一举成功的美梦，却从不踏踏实实地做好每一件事。

一位国家总理曾经在"五四"青年节看望大学生时，这样殷切勉励莘莘学子："青年人要脚踏实地，不图虚名，不务虚声，唯以求真的态度做踏实的功夫。"

社会永远需要踏实肯干的人，那些夸夸其谈者虽然可以利用不平等为自己赢得生存空间，但是从长远来看，实干的人才是历史前进的推动者，才是最值得尊敬的人。

创维集团人力资源部总监曾经说："年轻人只有沉得下去，才能成就大事。无论你多么优秀，到了一个新的领域或新的企业，刚出校门就想搞管理，可是你对新的企业了解多少？对基层的员工了解多少？没有哪个企业敢把重要的位置让刚刚走出校门的人来掌控，那样做无论对企业还是对毕业生本人，都是很危险的事情。"

荀子说过，不积跬步，无以至千里；不积小流，无以成江海。这是非常简单的道理，但又有多少人能一丝不苟地认真领会其精神并付诸实施呢？

现在很多求职的朋友讲起道理头头是道，深明其理，但一提到要俯身躬亲就手忙脚乱，一塌糊涂了。有些人自认为高等学府出身，恃才傲物，看不起小单位、小公司，不肯降尊屈就，即便工作了也自认为高人一等，满眼轻蔑，殊不知这是最令旁人讨厌的。

涉世未深的年轻人志向远大，心中拥有宏伟蓝图是值得赞赏的，但是眼高手低、急功近利，只会事倍功半，甚至会半途而废。古人云，一屋不扫何以扫天下。现在很多人就是犯这样一个错误，心高气傲，这山望着那山高，不屑于抄抄写写的琐事，不爱干扫地抹灰的苦事，频繁跳槽，给用人单位留下的印象就是大事做不了，小事又不做的庸才。

千里之行，始于足下。伟大的事业都是由无数个微不足道的小事情积累而成，成就大事的第一步就是先要完成小事。要将每天看成是学习的机会，这会令我们在公司和团体中进步更快，在与自己能力和经验相称的工作岗位上更好地证明自己的能力所在。倘若有晋升的机会，上司也会第一个想到你。因为每一个老板基本上都会觉得，勤勤恳恳、全神贯注、充满热情的员工更有价值。

记得英国哲学家约翰·密尔说过："生活中有一条颠扑不破的真理，不管是最伟大的道德家，还是最普通的老百姓，都要遵循这一准则，无论世事如何变化，也要坚持这一信念。它就是，在充分考虑到自己的能力和外部条件的前提下，进行各种尝试，找到最适合自己做的工作，然后集中精力、全力以赴地做下去。"大家都认为补鞋是低微的工作，即便如此，也有人把它当作艺术来做，全身心地投入进去。不管是打一个补丁还是换一个鞋底，他们都会一针一线地精心缝补。另外一些人则截然相反，随便打一个补丁，根本不管它的外观，好像自己只是在谋生，根本没有热情来关心工作的质量。前一种人热爱这项工作，不是总想着从修鞋中赚多少钱，而是希望自己手艺更精，成为最好的补鞋匠，这就是实干的精神。

纵观成功人士之路，无不具备这样的实干精神——从小事做起，做大事的人并不是一开始走上社会就马上取得辉煌的业绩。很多大企业家都是从伙计做起，很多将军都是从士兵做起。刚走上社会就一下子"做大事、赚大钱"，这是极少数人能做到的。像国内一些经济风云人物，如华为老总任正非、新希望集团老总刘永好等，他们都是先从小事做起先赚小钱，不断地发展企业。或许这些人都是大人物，离我们的生活圈远些，那么就来看看身边的普通人物。

有一位室内设计专业毕业的学生。开始毕业的时候，他不像其他同学一样挑选什么大公司，而是在一家很一般的公司里工作，兢兢业业，把工作当作学习的好机会。由于他踏实工作，业绩也很好，所以老板很欣赏他。两年后，他的老板就出资让他开公司，现在他已经迈进百万富翁的行列了，很令人羡慕。如果他当初眼高手低，凭能力大公司进不去，小公司又瞧不起，高不成低不就地挂着，那么还会有他今天的成功吗？

还有一个例子：有一个人以前是给人家烧砖窑的，现在已经是资产千万的小房地产商了。原来，他先开始烧砖，后来转为泥浆工，再后来就成了包工头，接着就转向房地产开发了。这两个都是很普通的例子，但是却蕴含很深刻的道理。每个成功人士，都是一步步走来的，从小事情做起的。

这个世界是现实的，只有用行动才能改变自己的窘迫状态。初涉人生而野心勃勃、想成就一番事业的朋友，不要不屑于从小处做起，从工作、生活中的一点一滴做起，最终肯定会走向成功。正所谓"大风起于青蘋之末"，没有行动作为开端，一切都是理论上的言论，都是虚幻的，是不值得我们学习的。只有俯下身来，脚踏实地，一步一个脚印才能干出一番事业。

"此路不通"就换方法

当你试尽所有的方法仍然无法实现目标时，不妨换个方向，也许采取曲线救国的方式更容易让你尽快享受成功的果实。

有一句老话叫"出奇制胜"，为了达到某种目的，不惜采取非常手段，这虽然有时候让人意外，但却效果奇佳，屡试不爽。

世界上的父母无论贫贱还是富裕，都舍得为自己的下一代投资。在美国，儿童玩具的销售量居各种日用消费品之首。近几年，玩具厂家揣摩儿童的心理，不断推出电子玩具、机器人玩具和智能玩具等深受儿童喜爱的新产品。各个玩具经销店也展开了争夺小顾客的竞争。

商家们手段翻新，花样百出。有的选择上门推销；有的选择馈赠推销，各显其能。但最成功的玩具推销出自一家名叫"奇幻谷"的玩具商店。他们别出心裁地创办了商店托儿业务，希望以一种迂回的方式，赢得更多小顾客的青睐。

商店托儿业务主要的经营范围是：那些白天上班的夫妇，或临时有事的家长，可以把没人照看的孩子送到商店托儿场所，并按照小时收费。这种经营理念大大方便了无暇照顾孩子的父母。"奇幻谷"的这种策略，正是通过曲线方式赚取了财富。随着商店托儿业务的发展，"奇幻谷"玩具店的销售量不断增加。

"奇幻谷"之所以能够取得成功，正是因为他们采取了迂回销售的策略。有时走迂回道路，往往比一味地图"快"、图"直"更能出奇制胜。

要想以退为进，运用谋略在商场上赢得主动，以达到推销自己的产品和理念为目的。在这一方面，发明家贝尔就是这种模式的典范。

贝尔为了能顺利地发明电话机而到处寻找赞助商。有一次，贝尔到当时一个大资本家许拜特先生家中筹款，希望他能够对自己正在进行的新发明事业进行投资。但贝尔知道许拜特是一个脾气古怪的人，对于电气事业向来不感兴趣，要想说服他出钱投资，肯定不是一件容易的事情。所以贝尔反其道而行之。一开始，贝尔并不向许拜特说明预算能获得多少利益，也不向他解释科学理论。据贝尔传记上的记载，他弹着钢琴，忽然停止了，对许拜特说："你可知道，如果我把这脚板踏下去，对着钢琴唱出一个声音，这钢琴也会复唱出这声音来；假如我唱一个音节，钢琴也会发出同样的音节。你看这件事是不是很有趣呢？"

虽然许拜特不懂贝尔所说的原理，但他还是静悄悄地放下手中的事情，非常好奇地向贝尔发问，于是贝尔详细向他解释了电话机的原理。这次谈话的结果已经显而易见，贝尔在不知不觉中说服了许拜特，许拜特很愿意为贝尔负担一部分实验经费。

以迂为直的推销方法其实是十分简单的，只要设法引起对方的兴趣，他就会非常乐意地购买你的产品。由此可见，这是一种简单易行又能大幅度提高销售额度的推销策略。

美国新泽西州一家新兴电气公司的推销员韦尔特到一个比较偏远的小乡村去做电气推销工作。当韦尔特敲开一户在当地算是比较富有的农家的门时，接待他的是一位老太太。

老太太一见到是推销电气的，立刻把门关上。韦尔特却不住地敲门，老太太这才勉强把门打开了一条缝隙。韦尔特说："夫人，打扰您了。我知道您对电气不感兴趣，事实上，我这一次登门并不是来向您推销电气的，而是想从您这儿买些鸡蛋回去。"

听到这话，老太太马上消除了一些戒心，把门开大了一点儿，探出头，但还是没有完全相信韦尔特。韦尔特继续说："我看见您喂的鸡的毛色很漂亮，觉得它们应该很健康。我想买一打新鲜的鸡蛋带回城里。"韦尔特接着充满诚意地说，"我们城里的鸡下的蛋是白色的，做的蛋糕味道不好，所以，我母亲就要我来买些新鲜的农家鸡蛋。"

听到这里，老太太终于走了出来，态度温和地和韦尔特聊起了自己养鸡的事。韦尔特指着院子里的牛棚说："夫人，我敢打赌，您养的鸡肯定比您丈夫养的牛赚钱。"老太太被说得心花怒放。长期以来，她的丈夫一直不承认这个事实。于是她把韦尔特视为知己，并高兴地把他带到鸡舍参观。

韦尔特一边参观，一边称赞老太太的养鸡方法，并说："如果用电灯照射您的鸡舍，鸡的产蛋量肯定还会增多。"老太太似乎不那么反感了，反问韦尔特用电是否合算。韦尔特给了她圆满的回答。两个星期后，韦尔特收到了老太太交来的用电申请书。

韦尔特之所以能把电气推销给原本不需要的固执老太太，就是因为他采用了迂回策略，从而使老太太的态度一点一点地发生了改变。当你为成功绞尽脑汁，当你被打击得快要失去斗志时，不妨尝试一下这种"弯曲"策略。学会变通，成功才会来得更加容易。

在变化中找到人生的突破口

　　俗话说得好："条条大路通罗马。"同样的一件事情，我们可以采用多种方法来解决它。坚持不懈固然重要，但当你选择努力的方向已经错误时，就应该果断地去选择另一条路。有时候放弃也是一种进步。

　　我们生活的真正意义，是快乐地享受生活，在所选择的道路上摔得遍体鳞伤、磕得头破血流，还无法看到任何希望的时候，为什么不另寻他途呢？我们应该果断地退出，选择新的道路前行。此路不通，换条路，相信有这种生活视角的人才能领悟人生的内涵。

　　有人做过这样一个实验：将6只蜜蜂和6只苍蝇同时关到一个透明的玻璃瓶中，然后将瓶口朝下，瓶底朝向阳的方向放置。开始时蜜蜂和苍蝇都努力地向着有阳光的地方飞去，甚至达到了歇斯底里的地步，但每次都撞到瓶底，铩羽而回。后来，苍蝇开始尝试朝着不同的方向胡乱瞎撞，试图寻找其他冲出去的可能的方向，而蜜蜂依旧一遍又一遍地撞向瓶底。不到两分钟，所有的苍蝇都成功地从背光的瓶口飞了出去，而蜜蜂还在向有阳光的瓶底撞去。

　　此路不通时怎么办呢？聪明的苍蝇给了我们启示。正是它们果断地选择放弃了没有任何机会的方法、方式，而去另辟蹊径，最终才找到了出路，获得了自由。推而广之，人也一样。人生就像一条有着许多不同的侧面与角度的路，当你从正面突击自己的目标无果的时候，为何不从侧面包夹呢？与其从正面进攻被打得伤痕累累，生活变得浑浑噩噩，不如换个角度审视生活，迎接生活的另一片艳阳天。

有人认为坚持是一种好的品质，于是就有意为之。于是坚持被曲解，竟成了某些固执者的保护伞，以此为自己的固执开脱。其实，正确的坚持是执着的表现，错误的坚持只能被称作固执。当我们发现此路不通的时候，没必要非得费尽心思冲出一条路出来，那样会让你推迟达到目标的时间，耗费你有限的精力和能量，甚至让你精疲力竭，丧失前进的信心。我们可以仔细考察下一个目标，以及这条没有希望的路，然后果断地换条路，这才是明智的选择。

不要硬逼自己走一条路，有时明知凭借目前的条件难以实现，那么何不选择放弃并另寻其他途径呢？那也是一种成功和收获。

王林从小对金融行业非常感兴趣，并立志要读金融系的研究生。三部《中国金融史》几乎被他翻烂了。然而，现实是残酷的，他一连考了好几年都没有成功。在这期间不断有朋友拿一些古钱币向他请教，起初他还能细心解释，不厌其烦。到后来，问的人实在太多了，他每次都向不同的人解释那些说了一遍又一遍的道理，于是他感到非常厌烦。

有一天，身心俱疲的王林突然有了一个想法，为什么不编一本《中国历代钱币说明》呢？这样一来，既可以巩固自己所学的知识，也可以给朋友提供方便。刚开始这只是一闪念的想法，当时并没有具体操作。

接下来的一年，他还是没有考上研究生。但是，他的《中国历代钱币说明》这本书的创意却被一位书商看中，第一次就印了五万册，当年销售一空。正所谓墙内开花墙外香，现在的王林早就不再以考上研究生为人生第一要务，而是继续钻研历代钱币。

王林的经历告诉我们不是选定了目标后坚持不懈就一定能取得成功，适时地尝试另外一条适合自己的路，你会发现成功原来离你如此之近。日常生活中，我们总是惯性思维在作祟，朝着自己既定的目标奋力拼搏，盲目地"勇往直前"，以此博得周围人的赞赏，自己却落得伤痕累累、一事无成。因为不是每个人的愿望和理想都能实现，所以只有不停地变换思路和方法，直到找到适合自己发展的道路，最终获得成功。那些搏击一世却未获得成功的人，会不会是因为他生命中真正精华的部分被自以为"不是最好的"，而从未得以展示呢？

失之东隅，收之桑榆。在这个变化多端的世界中，如果觉得一种方法不可取，应该立即转换思路，另寻通向成功之路。而不能循规蹈矩、墨守成规，死抱着一个想法不变。更不要放弃成功的信心，此路不通，就该换条路试试。只要有一条路走顺了，一切都会改变。

把握机遇先要训练眼光

每一位成功者都有一双善于发现机遇的"眼睛"，让他们看到机遇从而把握机遇。为什么成功者能轻易看见机遇、把握机遇？我们却只能让机遇从眼前溜走？

生活中并不缺少机遇，而是缺少发现机遇、抓住机遇的眼光。如果有了洞察机遇的能力，即使生活没有机遇，也能创造机遇。

一家英国鞋厂和一家美国鞋厂各派了一名推销员到太平洋的一个岛屿去做推销工作。上岛后，推销员各自给鞋厂打回一封电报。英国推销员的电报是："这个岛上的人不穿鞋，明天我就搭头班飞机回来。"另一封电报是："棒极了，这个岛上的人都还没穿上鞋子，潜力很大，我将常驻此岛。"面对同样的状况，一个看到的是"失望"，一个看到的是"机遇"。生活中许多人总是埋怨没有机遇，实际上该怪自己眼光不准确。许许多多的机遇就在你的眼前，就看你是否有发现它们的眼光。

眼光独到的人，他的眼睛相当敏锐，时时刻刻洞察着机遇，眼光不准确的人则恰恰相反。美国曾经掀起淘金热潮。淘金生活异常艰苦，最痛苦的是没有水喝。人们一面寻找金矿，一面不停地抱怨："谁让我喝一壶凉水，我情愿给他一块金币。"另一个人说："谁让我痛饮一顿，我就给他两块金币！"还有人说："我出三块金币！"

在这种抱怨声中，亚默尔发现了机遇：如果将水卖给这些人，比挖金矿更能赚到钱。于是他毅然放弃淘金，用挖金矿的铁铲去挖水渠，将水运到山谷卖给找金矿的人。一起淘金的伙伴们都纷纷嘲笑他："不挖金子发大财，却做这种蝇头小利的买卖。"

后来，那些淘金的人大多空手而归，很多人甚至忍饥挨饿、流落异乡，而亚默尔却在很短的时间内靠卖水发了大财。亚默尔发财的机遇并不是上帝专门赐给他的。淘金的人都深感没水喝的痛苦，人人都听到了那一片抱怨声，可是他们根本没有意识到这是机遇，甚至还嘲笑亚默尔的做法。生活中类似的事情还有很多。

人们往往从表面现象就简单对结果加以推断，归之于条件，归之于机遇……其实最重要的还是眼光，也就是是否有前瞻性。亚默尔正是具有其他淘金者所没有的敏锐洞察机遇的眼光，决定了他能够发现并很好地把握了别人忽略过去的机遇。

大家都知道泰森在和霍利菲尔德进行拳王争霸赛时咬了一下对方的耳朵。许多人只是把它作为茶余饭后的话题，谁能意识到这就是个发财的良机呢？美国有一个巧克力商人在咬耳丑闻发生之后，赶紧推出了一种形状像耳朵的巧克力。巧克力上面缺了一个小口，象征着被泰森狠咬的霍利菲尔德的那只著名的耳朵，巧克力袋上还有霍利菲尔德的照片。此举立刻使这个牌子的巧克力备受世人关注，在诸多品牌的巧克力中脱颖而出。这个巧克力商人也发了大财！泰森咬耳丑闻，全世界十几亿甚至几十亿人都知道，但是发现这个发财良机的只有这个美国商人。

机遇就存在于日常生活中的一点一滴，它整日游走在大街小巷，不过没有准备和求胜欲望的人是无法与其相遇的。要抓住财富机遇，首先必须发现财富机遇。生活中处处充满财富机遇。关键在于你把握机遇的能力，也就是是否具备一定的能力去驾驭、利用好来到你面前的机遇。

社会上的每一项活动、报刊上的每一篇文章、人际中的每一次交往、生活中的每一次转折、工作上的每一次得失，等等，都可能给你带来新的感受、新的信息、新的朋友，全都可能是一次选择、一次机遇、一次引导你走向成功的契机，问题在于你自身的眼光是否能发现每一次机遇。不要以为机遇难寻，其实机遇就在我们的身边，甚至就在我们的手上。

如果你曾经思考过如何把握机遇，或者正在思考这件事，那么恭喜你，你至少有了把握机遇的想法，并在为此努力，这就是一个好的开端。努力下去，一定会有好的结果的。

做个有才华而又务实的人

生活中不乏一些有才华的人，但他们往往也有致命的缺点，那就是眼高手低，只想做大事，不屑于做小事，容易自以为是、居高自傲，缺少谦和的态度。如果不自量力地去做超越自己能力的事，到头来只会一事无成。

奋斗的目标并非是越高越好，而是要从实际出发，结合自身实际合理制订计划。所谓成功，并不一定要求你要超越所有的人，而是使你的才能得到充分发挥。

王洁鸣从小就希望将来成为一位教师，因为她觉得教师这个职业很伟大、很崇高，也很受人尊敬。高考填报志愿时，她毫不犹豫地填报了师范大学。大学毕业后，王洁鸣顺利地进入了一所中学教书，每天听着学生们喊老师好，王洁鸣别提有多自豪了，虽然工资不算高，但工作起来却干劲十足。

然而两年后的一个同学聚会，让王洁鸣的内心开始掀起波澜。当她以为自己目前的生活很快乐，也很完美时，同学聚会让她改变了这种认识。那天之后，她决定辞去教师的工作，找一份挣钱更多的工作。

王洁鸣想到了做生意，因为做生意来钱最快。于是她从亲朋好友那里借了一笔钱，雄心勃勃地做起了生意。刚开始，王洁鸣以为凭着自己的资历与学识，做生意并不难。哪知由于缺乏实践经验，事先又未做市场调查，结果初入商海就亏得一塌糊涂，把之前攒的钱都花光了，还欠了许多债。

王洁鸣在家认真反思，觉得自己真的不适合做这些事。经历众多的事后，她才领悟，是好高骛远害了自己。由于羡慕别人，曾经一度看不起教师职业，认为自己可以有更好的作为，殊不知到最后还是又回到了原点——教师最适合自己。

王洁鸣又回到原来的教育单位。这一次她汲取了以前的经验教训，没有好高骛远，而是脚踏实地地干好每一件事。功夫不负有心人，三年后，王洁鸣被提升为年级主任，最重要的是，她又找回了丢失已久的开心和成就感。

在这个日新月异、崇尚物质的时代，有多少人是安安心心地坚守在那个最适合自己的位置上呢？越来越多的人心存妄想，一味地羡慕，甚至嫉妒别人，最终被无情的现实摔得惨痛。

社会既需要高级人才，也需要中低级人才。有的人可以成为从事专门研究的高级人才，有的人可能更适合做应用型人才。不是所有的人都能当元帅，如果正在从事的职业是最适合自己的，就应当踏实地干下去。

如今的一些大学毕业生最容易犯眼高手低的错误，他们对自己的能力评价过高，对薪资待遇的要求也不切实际，一心想去待遇好、条件好的大型企业，可是由于缺乏实际经验而得不到企业的录用，对一般的工作岗位则挑三拣四，缺乏务实的精神。

有一个博士生，在毕业后的两年里，一连换了几家单位，每次都在不长的时间内被公司辞退。这位博士毕业后，非常顺利地找到了工作。刚开始，招聘单位一听说他是博士头衔，都争相聘请他。于是，他选择了其中一家不错的单位。但刚到单位第一天，他就颇为不满。因为领导只让一位同事帮他安排了住宿，他有种被冷落的感觉，觉得自己是一个博士生，理应受到相对的重视。

由于这种不满的情绪，他就没有把全部的精力投入到工作上。三个月后，因为没有创造出他本该创造的价值，领导对他的能力产生了怀疑。不仅如此，过于骄傲的他常常流露出高傲的神情，大家都疏远他，不愿和他一起做事。之后他又去过几家单位，每次都是因为无法创造出价值而被辞退。

有调查显示，70% 的用人单位认为当今大学毕业生的就业思想不端正，期望值过高，择业过于挑剔。企业最怕眼高手低的大学生。大学生应该给自己一个恰当的定位，并且具有务实的工作态度。

常言道：识时务者为俊杰。择业前一定要确切评价自己的才能，转变过分理想化的就业观念，从个人的实际出发，不失时机地抓住就业机会，从基层好好做起，切忌好高骛远、眼高手低。当你拥有一颗平常心后，便扔掉了虚荣和浮躁。

利用时间进修，不断提升自己，同时还要把握现实，做一个有才华而且务实肯干的人，远比向生活的重压低头要有意义得多。

第四章

你要么出众，要么出局

要有破釜沉舟的冒险精神

> 有时候人把自己置之死地不是最终目的，而是通过置之死地，让你产生破釜沉舟的欲望，并因此唤起人体内的潜能，最终如凤凰涅槃般重生，这才是我们想要的结果。

在一部关于元朝的电影中，札木合问铁木真为什么不害怕闪电。铁木真说："因为我无处躲藏，所以我不惧怕。"无处躲藏，这就是真正的置之死地了。年幼的铁木真夜晚在茫茫无边的大草原要独自面对闪电时，他曾经惶恐过。但是当他知道这些胆怯并不能阻止闪电时，他反而变得无所畏惧了。创业者也需要有这种放胆一搏的勇气，方能置之死地而后生。

俞敏洪最初创业时的确是一无所有。在卢跃刚的《东方马车》一书中生动地描述了这段经历：他在中关村第二小学租了间平房当教室，外面放一张桌子和一把椅子，"东方大学英语培训部"正式成立。来了两个学生，看"东方大学英语培训部"那么大的牌子，却只有俞敏洪夫妻俩和破桌子、破椅子、破平房，登记册更是干干净净，一个名字都没有，学生满脸狐疑。俞敏洪见状，赶紧推销自己，像是江湖术士，凭着三寸不烂之舌，让两个学生留下钱。夫妻俩正高兴着呢，两个学生又回来了。他们心里不踏实，把钱又要了回去……

就是这样一个一无所有的人目前在中国 30 多个城市建立起自己的学校和学习中心。在最近一个财政年度，有 100 多万学生入学。新东方还在纽约证交所敲响了上市的钟声，作为中国首家教育概念股，股价上涨强劲，较 15 美元的首次公开募股价上涨了 3.5 倍多。而持股 31.18% 的新东方掌门人俞敏洪，如今已凭借 20 多亿身家成为中国最富有的老师。

俞敏洪取得的这一切靠的是自己的坚韧和顽强。1991 年年底，俞敏洪即将迈向而立之年，可是作为一个男人，快到三十而立的年龄，他却"连一本自己喜欢的书都买不起，连为老婆买条像样的裙子都做不到，家人无处栖身，连家徒四壁都谈不上，自己都觉得没脸活在世界上"。为了攒够自己的出国学费，俞敏洪在北大做外语老师时兼职在外做培训。这种做法惹怒了学校，当时北大给了他一个处分。经济上的困境，再加上名誉上的打击，他突然萌生了辞职的决心。

此时的俞敏洪丢掉了令多少人羡慕的名校铁饭碗，生活和前途似乎都到了暗无天日的地步。当时，他所承受的心理压力外人很难想象，也无法体会得到。尽管成功后的他看起来波澜不惊，但当时他的心中肯定掀起了巨大的惊涛骇浪。怎么能够就这样屈服于命运的摆布呢？毫无退路的俞敏洪决定破釜沉舟了。

后来，当俞敏洪向别人谈起这件事时说道："北大踹了我一脚，当时我充满了怨恨，现在充满了感激。"为什么充满感激，因为他走出了自己独立创业的第一步。"如果一直混下去，现在可能还是北大英语系的一个副教授。"正是这些磨难使他找到了新的机会。显然，走出北大成了他人生的分水岭。

尽管困难重重，但拼死拼活干了一段时间后，俞敏洪的培训班渐渐有了起色。眼看着培训班越来越火，俞敏洪渐渐萌生了自己办班的念头。就是为了每天能多挣一点钱，早日攒够出国学费。就这样，1993 年，在一间 10 平方米透风漏雨的小平房里，俞敏洪创办了北京新东方学校。

今天，新东方已成为中国规模宏大的私立教育服务机构，在全国拥有 56 所学校、703 个学习中心和 31 个书店，几千名教师分布在 50 多个城市。目前累计已超过 2000 万名学生参与新东方培训。外语培训和考试辅导课程在新东方营收中所占比例高达 89%，是该公司最主要的营收来源和增长动力。

虽然俞敏洪曾说过："新东方走到今天，不在我的意料之中，因为最初只是为了糊口，招几个学生办个小小的补习班而已。"虽然俞敏洪开始并没有想干一番惊天动地的大事，但事实上他做到了。俞敏洪今日之成就是从昔日苦难、失败中锻炼出来的，在苦难的历练中造就了自己百万富翁的素质。

"岁寒知松柏"，他注定是大器晚成的人。高考数次落榜，他不气馁，复读时他还要务农、代课，终于在第三次高考一举考取北大西语系。毕业后，同学们纷纷出国，他却失败了几次；迟到的爱情，病魔的耽误，拖沓三年半出国未果，还有学校的处分。一切的酸甜苦辣他几乎尝遍了，也锻炼了自己的抗挫折能力。所以，才有了现在的"不鸣则已，一鸣惊人"。新东方学校从"星星之火"发展到"燎原之势"。

对此，俞敏洪曾谦虚地说："任何一个人办了新东方都情有可原，但我就不能原谅，因为我在同学眼里是最没出息的人。我的成功给他们带来了信心，结果他们就回来了。"所谓的没出息实在是生活所迫。正是因为他"立根原在破岩中"，历经艰难困苦才出深山，所以，才能"任尔东西南北风"，顶住各种风浪的袭击，在成千上万的创业者中胜出。

置之死地而后生。只有真正处于那种巨大焦虑和压力之下，才能彻底激发出内心深处的灵感和潜力，并用超乎寻常的手段和方式达到一种更好的结果。所以，不要害怕身处死地，真正的死地是消磨你意志的"安适之所"，这是每一个有追求的人都要尽力避免的。

在冒险中猎取成功

就像美丽的玫瑰花总带刺一样，开创性的事情总是充满着风险。在当今商场中，冒险和成功常常是相伴在一起的。没有胆量就不敢冒险，不敢冒险就没有机会。只有敢于冒险的人，才能在风险面前毫不畏惧，进而抓住成功的机会。

王乐在做了五年的建筑工后终于决定自己开公司。刚开始他想开个砖瓦厂，因为他看到建筑行业砖的用量很大，而自己老家的砖窑还闲置着，正好用上。砖瓦厂开工后利润很可观，很多人羡慕他选对了项目。

可是，由于金融危机的影响，许多建筑工地拖欠他的砖款。后来，就连一些大的建筑商也想先拉货，后付款。这样，王乐前期赚到的钱反而赔进去不少。看到严峻的形势，于是他想到了二次创业，想重新寻找合适的项目。

夏季，他来到大城市考察了一个新的高科技产品——畜禽绿色养殖仪，可以利用红外线的作用减少动物感染病菌。王乐想到了家乡是个大的肉鸡养殖基地，觉得市场前景比较好，就想做家乡地级市的总代理。但是，当他把自己的想法说出后，遭到了全家人一致反对，大家都觉得不合适，因为这种新产品价格比较贵，而且全国都没有开始销售，第一只螃蟹还没有人吃。最关键的是，做总代理至少需要上百万元钱买产品，还要租办公楼、支付员工工资，还有广告费用……这些钱一时到哪里借，如果代理没做起来，投入的钱就打水漂儿了。

所以他们都劝王乐不要轻易再创业，等形势好转了再说。

王乐调查市场后，养殖户的意见是从未听说鸡不吃药靠仪器可以控制感染病。但是王乐觉得全市区的肉鸡养殖场很多，鸡的传染病影响养殖户的收入，他们苦于无计可施，这种新产品正好可以解决他们担心的问题，市场空间应该还是很好的，于是就大胆提出要做这个代理商。而且他理直气壮地说："我做好了，就好，做不好，不就是房子没有了，车子没有了，我还年轻，还可以再来！"

家人知道一时半会儿说服不了他，于是转而积极想办法帮助他筹款。就这样，一段时间后，他的公司终于开业了。

公司开业初期，王乐整天忙着投放电视广告、报纸广告，在最繁华的地段、汽车站投放广告。但是，对于看重实惠和收效的农民来说，单靠广告宣传并不能说服他们掏钱买一种新产品。为了打消用户的疑虑，他免费让用户使用3个月。在这3个月里，有等着看他失败的，也有同情他的，但是王乐不理会这些，专心辅导用户们怎样使用。

经过3个月的推广，市场逐渐打开。当第一个用户反馈说他的肉鸡没有传染到病菌，毛色发亮而且产蛋率高时，王乐兴奋得跳了起来。自己没有看错产品，付出终于得到了回报。之后，一传十，十传百，很多公司的订货电话都接二连三地打来。于是，王乐白天忙着开车送货，晚上有时候下半夜才能睡觉。现在，每天的销售业绩都非常不错。不到半年，王乐在许多养殖户集中的地方又开了几个代理连锁店。

随着公司的不断发展，王乐又在养兔、养牛等其他养殖场推广畜禽养殖技术。在使用的过程中再将用户的意见反馈给厂家，使其得以改进。厂家看到王乐的经营业绩后很满意，又把临近地级市的代理权也给了他。

不到一年，王乐的经营收入已经达到了他开砖瓦厂两倍的收入。他深深体会到了高科技项目利润的可观。现在，他不仅买了新车，而且还建立了大商场销售渠道。看到王乐二次创业成功的人们也佩服起他的胆量来。

如果当初王乐畏首畏尾，听从大家的劝说，就不会有今天如此成功的事业；如果他没有创业的勇气和胆量，不坚持自己的主见并且毅然下决心去做，现在就少了一个出色的商人！

在中国，商品经济社会正在逐渐成熟，其中蕴含着大量的风险和机会，只要认清形势，一定可以规避风险，享受机遇带来的成果。那种老旧的模式和思维已经不能适应新的环境。况且，无论在什么大环境下，经营上的逆境，随时都会出现。想要经营制胜，就必须敢于冒险，有冒险才能创新，否则将总是受到掣肘，裹足不前。

有一点要特别注意，冒险不等于一意孤行，只有经过认真分析，觉得事情可以经过努力获得成功，那么这个风险还是值得去冒的。再加上审慎的态度和敏锐的观察力，你的事业一定会稳步向前，走向成功。

要勇于挑战自我，超越自我

> 挑战别人很容易，挑战自己却很难。因为大部分向自己挑战的内容，都是自己的惰性、短处，或者一时间难以改正的缺点。所以自我挑战是对自己彻底的自我救赎，需要付出巨大努力。

每个人的人生都有非凡的意义，我们不能局限于对别人成就的羡慕和徒作无聊的叹息。而应更加注重了解自己的能力和潜质，从而付出努力以争取达到自己理想中的目标。"每个人都会有一片明朗的天空"，我们应该从消极走向积极，从被动走向主动，不再羞怯，不再遮掩，也不再隐忍，而是将心中的兴奋与冲动化作行动，化为汗水，洒在成功的道路上。当我们终于踏上成功之巅的时候，我们会惊叹自己有如此之大的能耐，有如此之深的潜能，而这在以前只不过是一种梦想罢了。事实上，这就是超越。

美国职业篮球联赛中，夏洛特黄蜂队有一位身高仅 1.60 米的运动员，他就是蒂尼·博格斯——NBA 最矮的球星。博格斯这么矮，怎么能在巨人如林的篮球场上竞技，并且跻身大名鼎鼎的 NBA 球星之列呢？这是因为博格斯的自信。

博格斯自幼十分喜爱篮球，但由于身材矮小，伙伴们都瞧不起他。有一天，他很伤心地问妈妈："妈妈，我还能长高吗？"妈妈鼓励他："孩子，你能长高，长得很高很高，会成为人人都知道的大球星。"从此，长高的梦像天上的云一样在他心里飘动着，每时每刻都闪烁着希望的火花。"业余球星"的生活即将结束了，博格斯面临着更严峻的考验——1.60米的身高能打好职业赛吗？

博格斯横下心来，决定要凭自己1.60米的身高在高手如云的NBA赛场中闯出自己的一片天地。"别人说我矮，反倒成了我的动力，我偏要证明矮个子也能做大事情。"在韦克·福雷斯特大学和华盛顿子弹队的赛场上，人们看到蒂尼·博格斯简直就是个"地滚虎"，从下方来的球90%都被他收走……

后来，凭借精彩出众的表现，蒂尼·博格斯加入了实力强大的夏洛特黄蜂队。该队关于他的一份技术分析表上写着：投篮命中率50%，罚球命中率90%……

有体育杂志专门对他进行点评，说他个人技术好，发挥了矮个子重心低的特长，成为一名使对手害怕的断球能手。"夏洛特的成功在于博格斯的矮"，不知是谁喊出了这样的口号。许多人都赞同这一说法，许多广告商也推出了"矮球星"的照片，上面是博格斯淳朴的微笑。

成为著名球星的博格斯始终牢记着当年妈妈鼓励他的话，虽然他没有长得很高，但可以告慰妈妈的是，他已经成为人人都知道的大球星了。

身高1.60米的博格斯能够成为一名球艺出众的NBA明星，关键就在于他相信自己，并能够在此基础上充分发挥自己的"身高优势"使自己成为夏洛特黄蜂队里的超级断球手。博格斯的美国式经历告诉我们：一个人只要相信自己的能力，并努力为之奋斗、拼搏，挑战自己的极限，命运永远牢牢把握在自己手中。

事实上，一个人生理上或者其他的缺憾并不能成为自卑的理由。一个人要敢于正视自己的缺点，尤其是年轻人，"年轻人犯错误，上帝也会原谅的"。你现在要做的是努力超越自己，让自己的缺点成为上进的动力。

挑战自我自然是一件极难做到的事情，坚持和积累比素质和技巧都重要得多。水滴石穿的道理是通用的。我们不否认天才，但是效率也可以通过学习改善。对于同一件事，效率高则进展快，但如果坚持和积累不够，离成功也许就会永远有一步之遥。在能力和水平上，大多数人其实并没有想象的那么大，知识和技巧也差不多，这是自我超越的重点，更会偏重于经验的积累和坚持挑战自我的勇气。

超越的意识时刻存在于我们的意识之中，大多数人都从以后的学习和生活中学会了关注和审视别人。学习上的尖子、生活中的强者、各个领域的明星人物自然成了我们关注和审视的对象。我们会情不自禁地问自己"为什么他们能够取得如此的成绩，而我却总是这样平平庸庸地苟活"？

超越自我是为了向别人展现更加完美的自己，也是为了完善自己的人生，实现人生的意义。对于我们来说，超越就是通过超越时间、超越自我、超越他人从而促使自我变化，实现自我的人生价值。自我改变和自我超越是相互紧密联系而又往复循环的。

要勇于超越自我，积极进取，不断地发展自己、丰富自己。要相信没有不能超越的自我，在眼界上，努力地汲取新知识，思考新问题；在个人能力上，要不断地否定自己、超越自己，不断地给自己制定新的目标。这样你才能够在未来成为一个胜利者和成功者。

为别人喝彩，也是给自己加油

世上比自己优秀的人有很多，有的人会嫉妒，有的人会真心地欣赏。别人进步了，比自己优秀，或多或少会让我们的心里有些触动，这是无可厚非的。但是如果不加以调整，任这种情绪发展下去，就会影响我们正常的工作和学习。调整由此产生的失衡心理，关键是要有能为别人的成功喝彩并勇于超越他的心态。

能力是个让人着迷的东西，同时也会让人迷失自我。有些人觉得自己有一定的能力，就不允许其他人超过自己，否则就感觉不舒服，其实这是一种嫉妒心理在作怪。我们一定要避免出现这种情绪。

其实这也可以理解：有些人看到身边的同事、昔日的同学晋升职位、增长薪金，而自己却原地踏步。于是开始猜测是不是领导不公正，甚至怀疑他人成功的背后有着不可告人的"潜规则"。其实，这都是狭隘心理造成的。正视别人的成功，甚至大方地为别人的成功喝彩，你会在克服自己狭隘自私心理的同时，以积极的心态激励自己追赶上去。

动物王国召开了一年一度的运动会，狗熊获得了摔跤冠军，猴子获得了攀登冠军，小鹿获得了跳远冠军。在猩猩与野猪赛跑时，猩猩跑到中途便败下阵来，但却坚持跑了下来，到达终点之后，还为野猪鼓掌加油。比赛结束后，猩猩获得了最佳荣誉奖。大会主持狮子说："当大家都在为自己家族的运动员取得好成绩欢呼雀跃时，唯有猩猩不忘为别人喝彩。"

有的人的确比你优秀，对这一事实一定要有清醒的认识。当然你不必因此沮丧，也不必否定自己，只有允许有人比自己优秀，才能端正心态，按照自己的计划前进。

当你看见别人取得成功时，不如大方地为别人喝彩，这是一种智慧。因为你在欣赏别人的时候，也在不断地审视自我，提升和完善自我。为别人喝彩是一种美德，付出赞美不但不会伤害你的自尊心，相反还将收获友谊与合作。为别人喝彩，未必说明你就是弱者，只是暂时的实力还不足以胜过对手而已。

看到别人的成功，为别人的成功喝彩，是我们成长进步的阶梯。那些成功的人总有过人之处，或是付出了更多的辛劳，或是能力素质略胜一筹。如果我们能学会为别人的成功喝彩，就会看到别人优秀的一面，看到别人成功背后付出的努力，从而增加学习和赶超的动力，也就自然搭就了走向成功的阶梯。相反，如果一味地嫉妒，就可能只盯住别人的短处，把心思放在发现别人的不足上，从而可能失去工作和学习的动力，影响自己的进步。

2001年8月22日，在北京举行的世界大学生运动会开幕式上，当法国体育代表团走到主席台前时，人们意外地发现，法国运动员高高地举起一条横幅，上面用中文写着一行字：法国队祝贺北京2008年奥运会申办成功。虽然巴黎在申办第二十九届奥运会时败给了北京，但这并不能阻止巴黎向自己的竞争对手北京喝彩，他们也因此赢得了全场观众最热烈的掌声。

这个世界就是这样，有成功者必有失败者，我们要以一颗平常心去接受，甚至为别人的成功喝彩。与此同时，我们还要多分析别人的优点，多反思自己的不足，努力寻找改进和超越的方法。

招聘人才是一个技术活儿，有些单位甚至把招聘广告做成了电视节目。某一知名企业在电视台举办电视招聘，三位求职者为海外经理一职展开激烈的角逐。由于职位只有一个，大家都显得很紧张。有一位年轻人不仅自己表现出色，当别的竞争对手有精彩之处时，他也很自然地为之鼓掌，引得台下的观众和评委也跟着鼓起掌来。节目最后，评委和企业代表一致决定把聘书发给这位年轻人。

对胜过你的人微笑以待，既能体现你的大度，也不会影响到自己的实际利益——他有更需要做的工作去做，不会威胁到你。况且，欣赏别人，为别人喝彩，你会发现自己在慢慢地克服狭隘自私的妒忌心理，拥有一颗宽宏大度的心，比拥有工作能力更能体现出人生的意义。

如果一个人用健康的心理去看待别人，就会发现周围的人都有值得学习和借鉴的长处。把掌声送给别人，不是贬低自己，更不是阿谀奉承，而是恰到好处地对别人进行肯定。为别人鼓掌，也是给自己的生命加油。

现实社会中活生生的例子让我们懂得：事业和生活具有多样性、复杂性，别人的进步并不表示自己是在倒退，反而会促使自己迈向更大的成功，别人获得荣誉也并不意味着自己毫无可取之处。如果我们在积极参与竞争的同时能有一个好的心态，能真诚地为别人喝彩，必然会赢得别人的尊重，同时也就赢得了生存和发展的空间，那么我们何乐而不为呢？从心理上接受别人的优点和比你强的地方，这样自己才会活得更潇洒。

跟别人的今天比，不如跟自己的昨天比

在生活的艰难跋涉中，我们要坚守一个信念：人，可以输给别人，但不能输给自己。不去要求自己比别人出色多少，只要比昨天的自己出色一点，你就是进步的。

人其实是非常孤独的，大多数是在跟自己打交道，打败你的不是外部因素，而是你自己。

海涅斯 22 岁时，是美国一所著名的海事学院的毕业生。后来他找到了一份令许多人羡慕的工作——一名杰出人士的助理。刚开始海涅斯工作认真负责，非常有干劲。但时间久了，冗繁的工作让他感到倦怠，他再也没有了刚开始时的激情。

终于有一天，海涅斯问他的老板："人怎样才能突破自己，或者说突破目前的环境？"老板想了想说："要知道，你唯一的限制就是你自己脑海中所设立的限制。"

海涅斯听后恍然大悟，原来阻碍自己前进的不是别人、不是环境，而是自己。不要想着怎样超越环境和别人，而要首先学会超越自己。

后来，海涅斯成为太平洋汽船公司的总经理。他说正是当初老板的那句话给了他追求成功的动力。

在准备超越别人之前，先考虑如何战胜自己，尤其是战胜自己的弱点。这样就好像搬开了前进路上的绊脚石，更容易达到目的。因此，除了自己，没有任何人可以使你沮丧消沉。正如你是自己最大的敌人一样，你也可以成为自己最好的朋友。

当你不再被别人的看法所左右；当你努力使自己每一天都在进步；当你更注重和自己比赛，那么你的心灵会慢慢地成熟起来，你会欣喜地发现你已经成为自己最好的朋友了。到最后你会懂得，真正支持你迈向成功之路的人，正是你自己。

世界富豪沃伦·巴菲特凭着对工作的热爱，一步步到达他事业的顶峰，成为万人瞩目的成功者。他在回答仰慕者的提问时说："我和你没有什么差别，如果你一定要找一个差别，那可能就是我每天都有机会做我最爱的工作。如果你要我给你忠告，这是我能给你的最好的忠告。"

有一名优秀的教师，他十分热爱自己的工作。他总是满怀激情地过好每一天，用研究的思维去对待工作，努力使自己每天都有进步。他不在乎别人已经取得了多么高的成就，只把自己的工作当作事业来追求。

他经常问自己三个问题：我今天都有些什么收获？是不是比昨天多学到了一些？我能够把这些事做到怎样完美的程度？因为关注自己的内心，而不是和别人做无谓的比较，所以他对待工作更为专注，更有激情。

只有自己才是自己的标尺，当我们更为关注自身，而不是把眼光瞄准别人时，我们便不会盲目贬低或是看重自己了。虽然巴菲特和教师无法在财富和成就上进行比较，但他们有一个共同点，那就是都专注于自己所做的事情。巴菲特的目标是每天在经济学研究上能有所收获，教师的目标是每天在自己的岗位上能有所进步。

不是和别人比较，而是尊重自己内心的热爱。你只需要关注自己的进步，而不必在意别人如何将你甩下一大截。

有的人喜欢盲目跟别人比，但这样的比较往往让自己的自信心更受到打击，适得其反。有一句话叫"做最好的自己"。但是"做最好的自己"不一定要去跟别人比。每天都积极行动；每天都超越自己；每天都比昨天的自己更优秀，你就是"最好的自己"。

在这个世界上，每个人都是独一无二的。暂时放弃和别人相比的念头，因为你们的起跑线不同。更不要拿别人的标准来要求自己，因为这样做往往会适得其反。我们只要实现自己的人生理想，只要坚持努力下去，每一天都比昨天更优秀，这就足够了。

输了不可耻，可耻的是就这样一直倒下

生活如此多变，抉择自然也会频频改变，但无论我们选择了哪条路，请都不要轻言放弃，要学会相信自己，努力挖掘自己无限的潜力。

莎士比亚曾说："假使我们将自己比作泥土，那就真要成为别人践踏的东西了。"其实，别人对你的看法都是他们茶余饭后的一种谈资，如果你认真了，那你首先就败了。最重要的是你是否肯定自己。别人如何打败你并不是关键，关键的是你在别人打败你之前，不能先躺下。

很多人失败了、倒下了，就一直没有勇气再站起来，他们忘记了自己最大的对手不是别人，而是自己。这样的人通常不是输给了别人，而是输给了自己。真正的强者，可以输给对手，但决不会输给自己。别人可以把你打倒，但只要你还有站起来的力量，就不会任自己一直倒下。

2008年8月21日，北京奥运会跆拳道女子57公斤级铜牌争夺战中，赛前已经严重受伤的中国台北选手苏丽文，在比赛中14次倒下。但每一次被击倒后，她都能勇敢地站立起来。每一次的倒下都是一次折磨，但苏丽文每一次都对自己大吼要站起来！在巨大的伤痛面前，苏丽文坚强地守住了自己的阵地。

由于左腿韧带拉伤，她已经无法站立。比赛中她只能以左腿点地、右腿站立的方式寻找进攻机会。当全队的教练和队员都劝她放弃时，苏丽文说："不要剥夺我的梦想！"强大的精神信念支撑着她，苏丽文用行动告诉了众人："我可以被打败，但我不会被击倒。"

当比赛坚持到1分钟加时赛时，对手踢中了苏丽文，她第14次倒在地上，却第一次伤心地哭了，再也无力站起来。虽然她最终负于克罗地亚选手祖布契奇，没能获得奖牌，但她带伤比赛的一幕却感动了现场所有的观众。

左腿严重受伤的苏丽文不可能不知道自己会失败，连续倒下的苏丽文更不可能不知道自己离铜牌有多远。然而，她没有放弃，因为她奋斗的目标，不仅是铜牌。她要做的是战胜自己，不让自己轻易倒下！

运动竞技有输有赢，唯有赢过自己，才是真正的赢。人生又何尝不是这样？真正的输赢，不只是身体的，更是心理与精神的。正如苏丽文所说："我可以被打败，但我不会被击倒。"你也一样，没有人可以把你打败，输了一点都不可耻，可耻的是就这样一直倒下。

北京奥运会留给世人太多的震撼和感动。在女子马拉松比赛的后半程中，世界纪录保持者——英国名将拉德克里夫突然肌肉痉挛，连央视解说员都以为她将退出比赛，但她经过短暂的调整后再一次奔跑起来，最终位列第二十三名。

在小轮车男子竞速计时排位赛中，有几位选手接连摔倒，美国选手贝内特也因此而受伤。他躺在赛场上长时间无法动弹，经过医生的紧急诊治，他又顽强地站了起来，跨上小轮车继续比赛。在左手不能握把的情况下，贝内特坚持完成了比赛。

有人说北京奥运会让人动容的不是比赛结果，而是其中展现的超越自我的精神。在北京奥运会中，我们看到了拼搏，看到了坚持，看到了不服输，看到了向自己挑战的勇气。有遗憾并不可怕，可怕的是不再坚持。虽然坚持不一定会取得胜利，但放弃却意味着一定不会取得胜利。

人的一生最值得回味和难以忘怀的是自己成功。生活是容易发生质的改变的。并且在改变的过程中，不在于你没有跌倒过，而在于你一次又一次地从地上爬起来，迎着困难不屈地前行；不在于战无不胜，而在于屡败屡战。宁可被人打倒一千次，也不能输给自己一次，只要还有能力站起来，就决不趴下向自己认输。如果你真的拥有了这样的精神，那么成功就是一件触手可及的事情了。

梦想是改变人生的神奇力量

越是贫穷，越应该展开想象的翅膀，因为有了梦想，才有可能变成现实。如果没有梦想，人类可能仍旧穿着树皮、树叶，住在山洞里，吃着采摘的野果、野菜。

在人类发展史上，最有贡献、最有价值的人，就是那些富有梦想、目光远大，并尽全力付诸实施的人。

斯蒂芬森只是一个贫穷的矿工，但他有着一个制造火车机车的美丽梦想，并努力使之变成了现实，使人类能更加便捷地在各地之间往返，运输能力也空前地提高。

爱迪生是一个公认的笨孩子，教育程度又低，但他有一个梦想，希望晚上也能像白昼一样光明。于是，他发明了电灯。现在，整个人类都受其恩惠。

以前，孤独的船只在远洋航行时，一旦遇到灾变，常求救无门。人们梦想这种情况有一天可以改变。马可尼让这个惊人的梦想实现了，他发明了无线电，由此拯救了千万生灵。梦想有时具有神奇的能力。

梦想对人类来说是无价的，是支撑人类向前发展的重要推动力。人一旦有了梦想，即使前方荆棘密布，也难以阻挡他前进的脚步。美国人常怀梦想，不管现在的生活多么穷困潦倒、苦难不幸，他们都不会轻易地向命运屈服，而愿意相信美好的生活就在未来，好日子终会来到。很多商店的学徒，都幻想有一天可以拥有自己的店铺；很多生活极度拮据的人，梦想自己有朝一日会成为百万富翁。正是因为有了梦想，人们体内的智能、勇气被激发，人们才更加努力，以追求更加光彩夺目的目标。

在田纳西州的温彻斯特，约翰·坦普登度过了他的高中时代。在这里他萌生了自己的梦想：希望有朝一日成为一家大公司的首脑人物。这个十多岁的小男孩，从此开始为了他的梦想而努力。

进入耶鲁大学之后，约翰的眼界更加开阔了，他的兴趣从经营一般企业，转移到研究评断公司财务上面。没想到不幸却在这时降临到他的头上，大学二年级时，他父母再也拿不出钱供他念书了，约翰陷入了两难的境地，休学就业和半工半读。这样的选择，对约翰来说非常艰难，但为了实现自己的梦想，无论如何也要坚持到毕业。

约翰用奖学金和兼职工作完成了这一切，并且取得了好的成绩。三年后，约翰获得了经济学学士学位，同时还获得了著名的路德奖学金。以后的两年，他在英国牛津大学攻读硕士学位，这对他将来从事财务经营也是大有帮助的。

毕业后，约翰回到纽约，开始追求自己的目标。他一开始就进了一家规模很大的证券公司，在公司里，他的职务是投资咨询部办事员。

不久之后，他看到一则招聘启事，是一家国家地理勘察公司征聘年轻上进的财务经理。约翰认为，这家公司能让他学到更多有关财务经营方面的东西，于是前去应聘。很顺利，他就进了这家公司，并且一做就是四年。四年以后，这家公司的业务发展非常稳定，约翰发展得也很不错，可约翰觉得在这里能学的已经都学完了，他应该寻找更多的学习机会。他又回到了以前的那家证券公司。

28岁的时候，约翰又一次面临重大选择。公司有一名资深职员要退休了，这个人有8个很有实力的客户，他愿意以5000美元转让给约翰。在当时，5000美元相当于约翰全部的财产，万一失败，约翰就会一贫如洗。而且，还有一个很严重的隐患，就是这些客户转过来后能否留住还不清楚。

这时，早年的梦想撞击着约翰的心扉，他自立门户的雄心战胜了一切。他接收了这 8 名客户，并且立即前往拜访，坦率而诚挚地向他们说明了自己的梦想与计划。客户们被他的热情与直率感动，都表示可以留下观察一段时间，这一观察就一个没走都留下来了。

在开始的两年里，约翰过得非常艰难，公司的经营境况不佳。但约翰从来没有放弃过，反而越来越高地要求公司的服务品质。后来，境况慢慢好转，客户逐渐增多，公司业务也开始蒸蒸日上。

现在，约翰已经是一家投资咨询公司的总裁，拥有近 1 亿美元资产，同时还兼任某大型互助银行的常务董事以及数字公司的董事。他年轻时候的梦想真的变成了现实。

与希望相对的是恐惧，当你被恐惧包围时，会变得优柔寡断、犹豫不决。任由恐惧心理支配，凡事是不会成功的。

从约翰的经历中，我们也可以看出，仅有梦想是不够的，有了梦想，还要有坚持下去的毅力和决心，同时辅之以辛勤的劳作与不懈的努力，梦想才能变成现实。

梦想是指引人生前行的灯塔，具有无可比拟的精神力量，只要下定决心、付诸行动，一定会有所收获！

希望，为人生点燃奋斗之火

希望本无所谓有，无所谓无的，和所处阶层更没有任何关系。
只要你心怀进步之心，又有做出改变的能力，你也会有自己的希望，
并很可能通过努力实现它……

战国时的合纵谋略家苏秦少年的时候是个要强的穷孩子。童年时，他变卖
洛阳家中的家产，前往秦国实现抱负。当时秦惠王觉得他夸夸其谈、华而不实，
婉言回绝了他。苏秦不死心，待在咸阳城，先后十次上书大谈自己的抱负、理
想，但秦惠王丝毫不为所动。后来苏秦的银子全部花光，连鞋子都没得穿，只
好自己编双草鞋，背着又脏又烂的行李回到洛阳家中。妻子见他穷困潦倒的模
样，正眼都不瞧他一眼。父母更懒得跟他说话，嫂嫂也不给他做饭，苏秦像个
老鼠一样垂头丧气地蹲在墙角里受气。

痛定思痛，苏秦总结自己失败的原因是学识不够，一咬牙决定从零开始，
发奋苦读，将七雄之间的利害关系吃透。在一年的苦读期间，苏秦没吃过一顿
饱饭，没睡过一次好觉，用绳子将头发拴在房梁上，每当打瞌睡的时候，就拿
铁锥子刺痛自己，血流如注。在对时局了如指掌，制定出一套时势战略后，苏
秦再度出山，跑到北方弱小的燕国，向燕文侯提出一套使燕国强大的方针策略，
开始了"六国联手制秦"的合纵之路。苏秦周游列国，"以三寸之舌为帝王师"，
先后取得六个国家的相印。在苏秦执掌六国相印期间，秦国十五年不敢东出函

谷关一步。面对第一次奋斗失败的挫折，苏秦没有失去信心和不停地抱怨，而是很快找到原因，总结经验，取得了巨大的成功。

陈洛小时候家境很困难，父母是普通工人。家里共有五人。一家五口人挤在30多平方米的旧平房里，连个卫生间也没有。其中，父亲为给三个儿子各盖一间结婚用的新房，拿出十几年积攒下的8000元钱申请盖新房，等了很多年，费了不少心。就这样，只有十几岁的陈洛，成了自家建筑工地的小力工，每天早上推着小翻斗车到运河边，拿簸箕从河边拣适合打地基用的砖石，双脚浸在刺骨的河水中使劲抠石头，奋力把盛满碎砖石的簸箕举过头顶，放在一人多高的堤岸上。寒风瑟瑟，刺骨的河水顺着手臂灌进袖管，一直渗到贴身衣服上，那滋味真是有苦说不出。打地基大约需要500辆翻斗车的碎砖头。

就在这种条件下，父亲给他定的指标是一年内完成。在捡完一天石头回家后，他总会满身泥土，上炕倒头就睡。夏天时他还可以拎桶水在屋外面冲澡，冬天时就只能干挺着，忍着满身的臭味。在不停地倒数"还剩多少车"的念头中，他度过了这艰苦的一年。

这段经历让他刻骨铭心，无形中磨炼了他的心态。每当事业遭遇逆境和不顺，陈洛总会对自己说："小时候我就是这么过来的，什么苦我都吃过！我没有什么可担心的，也没有什么不能失去！"

这段经历也让他知道：无论生活条件多么艰苦，所处的环境如何艰难，只要希望在，一切都可以通过努力去实现。

所以，我们不要轻言丢掉希望，每日如行尸走肉般过活，而是要趁着自己还有精力、有干劲，努力改变自己的生存状态，为将来谋求一个好的发展。

人生因梦想而伟大

有人说："除非先有梦！否则一切皆不成。"一位哲学家也说："人因梦想而伟大。"也就是说心有多大舞台就有多大。

美国电影《阿甘正传》的主人公说："生活就像一块巧克力，你不去尝它，永远不知道它的滋味。"尽管我们都不知道下一刻会发生什么，但是像阿甘一样努力去行动、简单去行动的精神是实现大舞台的保证。

梦想是一直挂在马云嘴边的关键词之一，他正是凭着对梦想的追求，把阿里巴巴带入了全球顶级的互联网企业之列，马云对于创业的梦想从未改变，"人永远不要忘记自己第一天创业时的梦想"。

1995年，当马云投身互联网并到处推销他的"中国黄页"时，曾被当成骗子。当他说要在五年内使阿里巴巴打入世界互联网前十强时，人们把他当成狂人。他的很多言论在当时都被认为是梦话，而恰恰是这些别人觉得不可能做成的事，却被这个身材矮小但充满激情的男人做成了！

当阿里巴巴上市时，马云终于挖到了梦寐以求的金矿。年少的马云依靠自学掌握了英语这门专业。

马云是在12岁时开始对英语产生兴趣的，他每天早上骑十几分钟自行车到杭州西湖区附近一家酒店找外国人学英语，八年间风雨无阻。当时中国刚刚改革开放，很多外国游客来到杭州，他免费为外国人当向导以练习口语。这八年对他的人生起到了重要作用，他开始变得比大多数中国人都要国际化，因为与外国人的接触使他懂得了老师与书本无法传授的知识。

1979 年发生了另一件从根本上改变马云的事情，当时他遇到了来自澳洲带着两个孩子的一家人。他们一起度过了愉快的 3 天，并一起玩了飞盘游戏，之后马云和这家人成了笔友。1985 年这家人邀请马云到澳洲过暑假，在澳洲的 31 天假期里改变了他的人生。到了澳洲以后发现所有的一切与他所知的完全不同。从此，他开始以不同的思维方式思考问题。

在他被杭州师范大学录取前，已经两次高考落榜。进入大学后他要为成为一名中学英语教师而学习，期间他当选过校学生会主席及杭州学联主席。

当他毕业时，有幸成为 500 名毕业生中唯一被分配到大学任教的学生。他的工资是 100~120 元人民币每月。他一直有个梦想，就是完成五年的合同后希望进入一家企业，无论是酒店还是其他企业。1992 年中国的经济环境出现了变化，于是他去应聘了很多工作，但都失败了。其中有一次应聘肯德基总经理秘书时遭到无情的拒绝。

1995 年，马云当了一家贸易代表团的口译员。这首次让他知道了有种新事物叫互联网。他们在互联网上用英文搜索"啤酒"一词，发现没有任何有关中国的信息，他们决定创办一家网站并注册了中国黄页这个名字。

为创办公司他借了 2000 美元，当时他还对电脑和电子邮件一无所知，甚至连键盘都没接触过。这就是为什么他称自己是"盲人骑瞎驴"的原因。

之后，与中国电信的竞争持续了一年，最后中国电信的总经理出资 18.5 万美元与他的公司合资，当时这是他所见到的最大一笔钱。但不幸的是，中国电信获得 5 个董事席位，他的公司只拿到 2 个，他们提出的任何意见都被中国电信否决了。这就像蚂蚁和大象的较量，他不得不辞职，随后接受了北京的邀请掌管一个负责推广电子商务的新政府机构。

但他的梦想是建立自己的电子商务公司。1999 年他召集了 18 个人，并花了 2 个小时和他们谈自己的看法。所有人都将钱拿了出来，一共是 6 万美元。

于是他们开始创立阿里巴巴集团。他想打造一家全球性的公司，于是名称也取了个洋气的。阿里巴巴很容易拼写，而且每个人都知道"芝麻开门"的故事，这是《一千零一夜》里的阿里巴巴开启宝库的口令。

阿里巴巴之所以能生存至今有 3 个原因：没钱、没技术、没计划。因此花每一分钱都很认真，办公室就设在他的房间里。2000 年他们从高盛集团和软银集团获得了融资，之后阿里巴巴开始不断扩展。

他曾将阿里巴巴称为"1001 个错误"，主要表现在扩张的无序和盲目上。2002 年他们剩下只够维持 18 个月的资金，网站的用户很多都是免费用户，他们不知道如何能赚到钱。因此他们开发了一种帮助中国出口商与美国公司做生意的产品，这个模式拯救了公司。到 2002 年年底时，他们赚得了 1 美元利润，之后每年的利润都在提高，现在阿里巴巴当然已经不可与往昔同日而语。

上市是阿里巴巴的一个重要里程碑，时机也很适当。阿里巴巴的成功上市说明内地公司同样能在香港上市，并能获得很高的估价和吸引全球投资者的兴趣。

马云的目标是建立一个电子商务生态系统，允许消费者和企业在线处理任何类型的业务。他们已经与很多企业合作搜索领域，并推出了在线拍卖站点和在线支付系统。他希望为中国创造 100 万个工作机会，改变中国的社会和经济环境，使中国成为世界最大的网络市场。目前，他旗下的淘宝网站已经成为集团购、分销、拍卖等多种电子商务模式于一体的综合性零售商圈。

就如一个广告词所说的"心有多大舞台就有多大"，马云就是一个心大而建立大舞台的人。

每个人都有自己的舞台。尤其作为一个有追求的人，必须克服终日浑浑噩噩、碌碌无为的人生态度，为自己的人生蹚出一条康庄大道来。对于有高远目标的人来说，人生永远都是美好而充满活力的。

热情是成功的"催化剂"

纵观古今中外的成功人士，他们的一个共同特点就是都拥有一颗热情激昂的心。一个人如果对人生、对工作、对事物、对朋友、对事业没有热情，那他将很难有大的作为。

无论你的能力如何，对人热情是对待事情的一种态度，不仅有助于你在事业中的形象，还会让你体验生活的美妙。对某件事情充满热情，就有了把它做好的一种主动的心态，也就离成功不远了。

电视剧《士兵突击》中，高连长说的"不抛弃，也不放弃"，是一种最直接的热情表达。高连长之所以动人，是因为那股热情、那种投入。这个"纯爷们儿"坚信自己做的事情，对自己所说所做都充满热情与投入。他融入信念，他的热情使他光芒四射。

简单地说，猪八戒迫不及待地吞下人参果不是热情，唐僧不厌其烦地念经才是热情。

"天下不如意，恒十居七八"，不管多少，"十"是我们自己的，无可回避。欢乐、痛苦，成功、失败，细细品味，就是热情。

如果你想走出平庸，放松心情，以积极热情的心态生活，就应该常常提示自己做到以下几点：

一、通常我们会为自己没有的东西而苦恼，却看不到自己拥有的，如健康，可以听、可以看、可以爱与被爱，每天都有食物供我们享用等。正如那句口口相传的话所说的："失去了才知道珍贵。"让我们走出哀怨，这样就可以看到什么是我们拥有的。

二、为你已经取得的成绩而自豪。成绩不分大小，每一次成功都意味着向前迈出了一步。你可以为你刚刚完成的一个挑战感到骄傲；可以为帮助了一个陌生人而感到幸福；可以为结识了新朋友而感到高兴；也可以为帮助了一个朋友而露出微笑。

三、让自己充满自信的活力。每天都要计划好做一些积极的事情，让自己充满活力。例如，可以给那些一直以来你都很欣赏，却很久未联系的人打电话，对工作伙伴说一些鼓励的话，保持微笑，或者留出时间和孩子玩耍等。

四、心存感激，做事有动力。每天都有很多事情让我们为之心存感激，同时也有很多人值得我们感谢，因为他们在无形中教会了我们一些事情。生活的每一天对于我们来说都是一份珍贵的礼物。

五、换个角度看问题。人往往都是别人的建议者，却不是自己的。很多时候的根本问题就是我们看待事物的方式。很多人都经历过为一件事苦恼不堪，过后又觉得可笑的时候。悲和喜只是我们看问题的角度不同而已。

六、立刻行动，绝不拖延。不要认为这些都是"听起来不错"的建议，也不要认为生活很难。其实，每天的生活都不是你想象中的那样。是让生活过得索然无味，还是积极向上，决定权就在自己手中。努力幸福地生活，你又会失去什么呢？

如果说你对陶华碧这个名字不熟悉，但提到"老干妈"想必大家都知道吧。陶华碧就是老干妈麻辣酱的创始人，也是老干妈麻辣酱工厂的董事长。迫于生活的压力，陶华碧做起了凉皮生意，但她发现自己制作的凉皮配料——麻辣酱更受人们的欢迎，于是她就开始了自己的"麻辣"人生。

1996 年 7 月，陶华碧向南明区云关村村委会借了两间房子，招聘了 30 多名工人办起了食品加工厂，专门生产麻辣酱，定名为"老干妈麻辣酱"。

开始的生产工序几乎都是手工操作，其中有一道工序是捣麻椒、切辣椒。随着刀起刀落，溅起的飞沫辣得眼睛不停地流泪，工人们谁也不愿意去做，陶华碧就以身示范。她一边切辣椒一边不停地说："我把辣椒当成苹果切，就一点也不辣眼睛了。"员工们听了，都笑了起来，纷纷拿起了切刀……她始终保持着对工作和生活的热情，即使遇到再大的困难也会往好处想，最终成就了自己的事业和人生。

畅销书《成功长青》的作者斯图尔特·埃默里在一次演讲中说："通常我们会这样认为：应该先设立伟大的目标，先变得成功了，然后再去追求其他的生命意义。"但是埃默里通过他的调查发现：一开始只想要追逐成功的心态，反而是成功长青的最大陷阱。"没有热情，是无法让人专注、持续性学习的，而这却是全球化竞争下，最需要拥有的能耐。"伟大的目标不意味着是倾注你最大热情的目标，而一旦没有了情感的动力驱动，很容易遇到挫折挑战就放弃了。所以，一开始不要想着要成功，而是要找到你有热情、做得好且愿意去不断学习的事情。

比如说苹果公司联合创始人乔布斯，他做电影，又经营苹果电脑，这两个看起来完全不同的领域，他是如何游刃有余的？他说，那是因为他很爱美的设计，想要传达出去。不管是电影的呈现或是电脑，都可以看到他的这个目标。

还有美国著名生物技术公司，最早把 C 型肝炎病毒 HCV 无性繁殖的公司——Chiron 的创办人艾德·彭霍德。过去是加州大学伯克利分校的教授，创业期间，他的压力大到上班途中要先停车到路边呕吐一阵，才能再继续上路。但是他坚持下去的原因，就是因为"叔叔死于癌症，很想利用自己的知识帮助更多人"。

要准确辨认出这一点不容易，但至少要沿着这个方向去找，如果觉得很难，那么在每天睡觉前，回溯一下，你还是小孩子的时候，梦想着长大后最想做的事情是什么？

对生活中的任何事物保持一种持之以恒的热情，生活才会充满乐趣和希望。生活是真实而又无限的，每个人的幸福就像在生活中吃饭一样，只要盛出自己最喜欢的食物安心享用即可，不一定非得大鱼大肉，这是对生活的另一种热情。

保持热情，在平常生活中发现恋人的可爱之处；在充满爱的生活中燃烧热情，提升爱的质量，你就会得到爱情与幸福。

对生活充满热情，就会让你更加深刻地体会到生活的真实意义，进而让你每日都生机勃勃，驱动自己勇敢地不断前进，实现自己的奋斗目标。可以说，失去了热情的生活是灰暗的、是苍白的，同时也严重伤害了你的进取心。所以，这种状态要不得。

第五章

智者借势，强者造势

身处困境要善借外力

　　常言道，他山之石，可以攻玉。人要在社会中懂得如何借他人的能力、力量发展自己的事业，要懂得借别人的石头为自己铺路，从而实现自己辉煌的人生。

　　人类社会向来对狼充满崇敬与膜拜，尤其对狼适应环境的能力更是推崇备至。因纽特人和印第安人很早认识到狼的优秀品质，许多原始印第安部落还把狼当作他们的图腾，他们把狼的形象刻在岩洞的石壁上。他们尊重狼的勇敢、智慧和坚韧，他们认为狼是最高智慧的神，可以与一切抗衡。

　　但是由于种种原因，人类逐渐对狼产生了深刻的误解，把狼视为贪婪、凶残、忘恩负义的代表。在汉语中，许多关于狼的词语表现了我们这种误解，如"狼子野心""狼心狗肺""狼狈为奸"等。

　　其实说到借力，我们可以从"狼狈为奸"说起。从字典中我们可以了解到它的意思：互相勾结做坏事。但我们可以从另一个角度来看：狼借助于狈的某些势力来完成自己的心愿，这难道不是一种"善借外力"的智慧吗？这难道不值得我们人类学习吗？

　　在我国历史上的宋朝初年，有个大将曹翰被贬到汝州。有一天，宫内派出的使者正巧来到汝州，曹翰见到了他，并对着他掉眼泪说："家里人口太多，缺吃的，活不下去了，我用包袱包上一包旧衣服，请您帮我抵押一万文钱。"

使者回京后，不敢隐瞒，向宋太宗汇报了此事。宋太宗打开一看，原来是一幅画屏，画题为《下江南图》，画的是当年曹翰任先锋都指挥使，按宋太祖的旨意，为大宋灭南唐的情景。

太宗看到此画屏，想到了曹翰当年的功勋，心里很难过，对曹翰产生怜悯之心，因此把他召回了京师。后来，宋代丁谓从曹翰的经历中找到灵感，借他人之手对皇帝进行公关，从而也为自己获得了更好的生活环境。

当时丁谓被贬到涯州，但他的家人还在洛阳。他为了重新获得皇上的起用，就想向皇上表达自己的忠诚与心意。但是皇上已经不太相信他巧舌如簧的表演，况且谁也不肯替他这个罪人给皇上送信。

他冥思苦想了很长时间，想到曹翰的故事，于是有了主意。他挥动生花妙笔，写了一封家书，派人交给太守刘烨，求刘烨转交给自己的家人。

他特意嘱咐送信的人说："你要等到刘烨会见下属官员们时再上呈给他。"

送信人来到刘烨的衙门，刘烨正在大堂上议事。他在众目睽睽之下接到丁谓的信，不敢隐瞒此事，马上把丁谓来信的事向皇帝报告，并把信送到了宫中。

皇帝拆开信一看，原来信中丁谓严厉地谴责了自己，还谈到了皇帝对自己的深厚恩惠，告诫家人不要因为他的远贬而产生怨恨之心。皇帝看完以后，感动得不得了，便把丁谓调到了条件较好的雷州。

丁谓能够从历史中吸取教训，用自己的语言或事物进行公关，以此打动皇帝，可以说很好地使用了借力这样一个办法达到自己升官的目的。

有一富翁说得好："聪明人都是通过别人的力量，去达成自己的目标。"一个人大部分的成就总是蒙他人之赐；他人常在无形之中把希望、鼓励、辅助投射入我们的生命中，而在精神上我们常使自己的各种能力趋于锐利。

人毕竟是群体性、社会性的高级生物，相互之间的沟通联系是少不了的。所以，善于借助别人的优势条件为自己服务也体现了一种社会活动性强的能力，是值得肯定和学习的。

三千弱水只饮一瓢

有志创业的人，在起步之初，一定会为了筹足创业资本而大伤脑筋。但是，也有这种情况：有的人在借钱的时候，只想到眼前的钞票越多越好，到处借债，而不考虑自己的偿还能力，到了还钱的时候便似大难临头。所谓"顾头不顾尾"，所以一定要量力而借。

华刚看到朋友开的一家婚纱店很容易赚钱，于是便绞尽脑汁想开店。但是他一没有足够的资金可以运用，二没有计算机基础，也不会设计，店开不起来。但华刚看准了这一行，就四处借钱。

他首先找到了银行，找银行借钱不是名正言顺的吗？但银行要求各种偿还贷款的保证。试想，华刚刚刚起步，怎么可能会有过多的资产可供抵押担保？再说，就算有也要往长远去考虑，如果将所有财产都押在创业之途，风险太大。万一刚起步就经营不善导致危机重重，不但没有过多资金去挽救重整，说不定一眨眼便关门大吉。

最后，他说通了一位朋友，终于借到了钱。因为是朋友的钱，所以他花起来理直气壮，"把别人的钱当成自己的"。从装修到租店面一开始就大动作。他想朋友有的是钱，不够再借，根本没有考虑投入和经营的效益何时能成正比。

后来，当朋友过问时，华刚不以为然，觉得朋友小心眼儿。再后来，朋友急需用钱，又让家人来催，华刚哪里能拿出这么多钱。

看到一催再催也没用，朋友急了，一纸诉状把华刚告到法院。华刚没想到，朋友来真的，只有眼睁睁地看着自己有限的财产被法院拍卖了。不仅身家破产，而且信誉扫地。

现在，华刚后悔了。这些都是盲目借钱、不自量力造成的后果。其实，无论给银行借还是给个人借，借钱与还钱都是一体的。当你决定借多少时便决定了要还多少，因此一定要以自己本身的还款实力来衡量——该借多少、能还多少，要做到心中有数。别人的钱毕竟是辛辛苦苦挣来的，不论是靠智力还是凭体力。所以，借给你是帮助你节省了成本，在你得到利润后还给别人也是表达一种感谢。而且良好的信誉和偿债能力，可以使你借钱的信誉一次又一次提升。一个人的信誉是商场上最重要的无形资产，一旦信誉破产，资金链也断裂了，要想东山再起，恐怕要付出十倍的努力。

这就让我们清醒地认识到：借钱不可盲目，也要经过认真的核算和盈余情况，好好斟酌，不能漫无目的，最后却难以为继，显得非常被动。对哪些该借、哪些不该借、借什么、什么时候借都应做到胸有成竹。绝对不能到还钱时才开始规划如何还债，那样只会疲于应付，捉襟见肘。尤其是向银行借贷，如果贷款时间长，而且以借款人的固定所得作为主要的偿还来源，就更应该在借款时考虑好未来的偿还能力及选择哪一种偿还方式较为轻松，不至于咬紧牙关也无法支撑，给自己徒增不小的压力。

对于创业者来说，如何掂量需要借多少资金确实是一个需要仔细斟酌的事情——如果借贷太多而无力偿还，无异于增加了创业的成本，使自己的自信心受到严重的打击；太少对自己的事业帮助又没有达到最大化，不利于事业的顺利发展。无论如何，有一个宗旨：宁要少些，但要好些，一定要量入为出，不要在创业初期为自己背上太多的成本负担，毕竟这些都是应还的账款。不是你自己可以任意支配的资金。

像比你优秀的人学习

在每个人的发展过程中，无时无刻不在和形形色色的人打交道，人与人之间相互制约和影响。市场经济社会也促进了有志者成才的机会，许多有志者要在这个社会大舞台上施展一下自己的拳脚，而好的人际关系能为他们的成功助一臂之力。我们可以利用对方提供的发展空间缩短自己成功的距离。

在阿根廷首都布宜诺斯艾利斯，有一段时间，人们总是看见有个 17 岁的年轻人几乎每天都在一家著名的烟草公司门前徘徊。没有人理睬他，就连看门的人也只会时不时给他白眼。

原来，年轻人出生于希腊的一个难民家庭，为了改变贫穷的命运，靠在一艘货船上做帮工漂洋过海来到南美。因为两地烟草贸易差价悬殊，许多像他一样贫穷的人都发财了，所以，他也希望自己能投身于"淘金"者的行列。

可是，当他来到这里后才明白，自己在当地一无熟人、二无客户，尽管他每天起早贪黑地辛苦推销，但别人根本不敢买他的货。怎样推销出这些烟叶呢？年轻人苦思冥想后，决定到著名的郝根烟草公司寻找机会。

对于一个陌生人来说，要进入这家大公司，难度可想而知。但是，尽管遭受冷遇，年轻人还是像烟草公司的员工上班一样准时，天天来这儿。后来人们习以为常了，就让他出入公司大楼。年轻人到楼里，从不打扰别人，只是在董事长的办公室门口耐心地等待。

烟草公司董事长郝根开始并不在意，几个星期后，他终于发觉了这个似乎有着满腹心事的年轻人，便问道："小伙子，你有什么事吗？"年轻人回答道："我来自希腊，手里有一些中东优质烟叶。听说贵公司经营良好，想卖给你们，但初来乍到，希望得到您的指教。"

"做买卖我们总是欢迎的，你为什么不早点说呢？"

"您一直很忙，我本不想为这点小事麻烦您。所以，来了好几周都不好意思向您开口。"

"噢，我确实很忙。你可以同本公司的购货处洽谈。"年轻人连声称谢，可是并未有离开的意思。这时郝根恍然大悟：他等了足足几个星期，并非不知道购货处负责此事，可能是有求于我。想到这里，郝根说："这样吧，请到我办公室来稍候片刻，我打个电话去购货处联系一下。"

得益于郝根董事长的帮助，年轻人日夜发愁的烟叶销售问题顷刻之间顺利解决了。

从此，年轻人从中东源源不断地运烟叶卖给郝根烟草公司，郝根公司的发展如日中天，因此年轻人借助和郝根公司的合作淘到第一桶金。三年后，正是靠从烟草生意中赚得的 5 万美元，年轻人买下了第一条旧货轮，从此开始了航运事业。

从此，在世界船运史上，一颗船运业的新星冉冉升起了：这就是奥纳西斯船王。当然，他自己永远记着恩人郝根帮他掘的第一桶金，并把这种做事的方式和态度牢牢作为自己的行事风格。

正所谓近朱者赤，近墨者黑，向优秀的人、成功的人学习是非常必要的，也是最省力、最有效的方法。

在实现理想的过程中，需求他人的帮助是不可避免的，也是非常必要的，否则你的发展将变得非常艰难。要做大事就要到水深的地方去行大船，而许多人却因无人引领、不懂成事之道而为难。像比你优秀的人学习，会大大节省你的时间、资源和精力，从而让你的生活更加精彩。

要锻炼出超前的眼光

　　机遇就隐藏在我们前进的路上，它能改变我们的一生。机遇从来只垂青有准备的头脑；没有良好的自身贮备，即使机遇来临了也抓不住。在漫漫的人生旅途中，也许机遇只会降临一次，也许它会无数次地光顾你。但是，你若不能及时地抓住它，它就会瞬间即逝。所以，能抓住机遇也是一种能力，它会帮助你在苦苦跋涉中来一次人生的飞跃，让你目睹成功女神的微笑。

　　我们的生命中充满了崭新的激动人心的机会，只是我们必须去寻找。等待机会找上门，就像站在球场里，把手伸向空中，等待棒球落到手中一样，是靠不住的。机会不会去追随你，你应该去寻找机会。每天我们都从电视、广播和报纸杂志上看到、听到或读到普通人在体育、科学和艺术等领域证明自己成功的故事。但是，太多的人只相信那些才能是属于别人的，而不是自己的。每一个普通人都可以有不平常的表现，只要遇到合适的机会，不论是自己创造的机会还是自己抓住的机会。

　　1855 年的秋天，刚刚读完高中二年级的约翰·洛克菲勒决定中途辍学。他为了能够在将来找到一份适合自己的工作，以此通过自己的劳动来填饱肚子，于是他接着又读了 3 个月的商业专科学校的短期待业培训班。培训结束后，洛克菲勒便在纽约市一家一家地去敲门找工作，一个多月下来，他终于进入了一家名叫万一泰得的货运中介公司，分配给他的工作是会计助理员，这年他只有16 岁。

虽然洛克菲勒是位新职员，但他工作努力，处处显得有条不紊、沉稳老练，好像他天生就是一块经商的材料。他除了为公司财务记账外，还特地为自己的私人收支准备了一本账簿，封皮上写着"总账 A"，他把自己这个账本看得比公司账本还重要。例如，他每周的薪金虽然只有 3.5 美元，但当他在领到第一周的薪水后，便在他私人账本的第一页支出栏写下：手套一双：2.5 美元（因为冬天寒冷，他决定先买一双手套）；教会奉献：0.1 美元；救济贫困男子：0.25美元。

就这样，洛克菲勒每天都把自己关在屋子里，思考着自己如何把每一分钱用到对自己人生发展的事业上。他的这种行为，对于一般人来说是受不了的，因为每天都要和枯燥乏味的数字打交道，这未免有点太折磨人了。但对于洛克菲勒来说却把它看成是学习怎样做生意的最好机会。他经常可以听到休万和泰得两位交谈商量有关公司财务的问题，而这些都是公司的商业秘密。他办事严谨认真，例如，每当水电公司来收取水电费的时候，过去的惯例是对方提出多少就付出多少，而他却要把每一项仔细检查清楚再付款。一次，公司高价进口的大理石出现瑕疵，洛克菲勒便一家一家地去找运输公司索赔。

老板休万对洛克菲勒的办事能力非常欣赏，于是把他的月薪加到 25 美元，第二年又将他的年薪升至 500 美元。没多久，泰得退休了，休万少了一个很好的合作伙伴，更加器重洛克菲勒。他除了搞好公司的会计工作外，还兼顾与船公司和铁路公司的公关外交工作，成了休万最得力的助手。

洛克菲勒在工作中，十分重视收集分析商业信息，他在休万的公司里一共干了近四年时间。在第三年年初，他瞅准机会，自行决策，大胆地收购小麦和火腿。休万得知此事后非常生气，便埋怨他说："你是怎么搞的？怎么不经我同意就擅自做起了投机生意？我们公司主要以中介服务收取佣金，这粮食和食品生意可是万万做不来的。"

　　洛克菲勒听后便说："休万先生，根据我对最近的新闻报道的认真分析和研究，英国马上就要发生大饥荒。我认为我们必须抓住这一有利时机大量收购小麦和火腿，然后集中运到纽约再出口英国，一定可以大赚一笔的。这样的生意不做，以后我们后悔都来不及了。"休万对他的话半信半疑，但仍默许了他的做法。接着，洛克菲勒不只收购小麦和火腿，还大量地收购肉干、玉米、加工食品等囤积起来。

　　不久，果然如洛克菲勒所料，英国真的发生了大饥荒。休万公司便把囤积的货物趁机向欧洲出口，获得了巨额利润。一时间，洛克菲勒成了人们议论的热点人物，纷纷称赞他的机敏和判断力。这笔生意对洛克菲勒来说也是十分重要的，在他以后的人生中所起的作用也非同寻常。因为这是他踏入商业成功的第一步，从此他也认识到了自己的真正价值所在。

　　没过多久，洛克菲勒就向休万提出要增加薪水，他说："董事长，请你把我的年薪调整为800美元。"但休万却感到万分地为难，因为还从来没有人拿过这么高的年薪，于是他说道："我不能开这个先例。"遭到拒绝的洛克菲勒早已料到会有这个结果，他已决定自己出来闯天下了，虽然这意味着要承担着巨大的压力和风险，但他一点不怕，他认为这是一次自己获得成功的机会。这时候，洛克菲勒才19岁。

　　在洛克菲勒离开休万的公司后，他和一个名叫克拉克的青年合伙开办了一个谷物和牧草经营公司。两个人商定开办此公司共需资本4000美元，每人出资2000美元。可是当时洛克菲勒所有的积蓄加在一起只有800美元。怎样凑齐这2000美元呢？最后，他决定求助于他的父母。"爸爸，你不是答应我，等我到21岁时就分给我1000美元的财产吗？能否现在就给我？我现在急需这笔钱。"

　　"可是，你离21岁还差一年半呢！"

　　"早给晚给还不是一样吗？"

　　"哈哈，那可不同，你想提前支取也成，但得扣除这一年半的贷款利息，年息算你 10 个点好了！"

"爸爸，非常感谢您！"洛克菲勒听后高兴得手舞足蹈。

"慢着，我且问你，你办公司主要想做什么买卖？在什么地方做？"

"主要是当谷物、粮草、肉食品经纪商，我们把这些东西卖到欧洲一定能赚大钱的。"

"什么？欧洲？你的意思是说要把谷物、肉品卖到英国、法国和德国去？"父亲闻听此言大为惊异。

"是的，爸爸，是要运到欧洲去。"洛克菲勒平静地回答道。

父亲呆住了，他不相信这个 19 岁的毛头小子能有这么大的气魄和信心。

从此洛克菲勒开始了他自己的事业，但公司开业不久便遇上了麻烦。这年美国中西部地区的农业遭受了严重的霜害，农作物几乎颗粒无收，于是农民们便要求用来年的谷物作抵押要他们支付定金。一听说要先付定金，洛克菲勒的合作伙伴克拉克吓得面如土色，别看克拉克已 30 岁了，平时爱吹牛皮、爱摆架子，其实却是个外强中干的无能之辈。公司是个刚刚成立的小公司，只有区区 4000 美元资本怎么能付得起定金呢？克拉克一听便像泄了气的皮球没有丝毫的办法可想了，而一些同业的经纪商们也因此纷纷倒闭破产。面对困难洛克菲勒沉住气，他冷静地分析后，便去找他在教会认识的朋友——一家银行的总裁请求贷款。当他从银行将 2000 美元的贷款拿回后，他的合作伙伴，一贯以"国际人士"自居的克拉克嚣张气焰一下熄灭了，他俩在公司里的地位也一下换了个位子。经过不懈努力和苦心经营，他们公司第一年的营业额便达到 8000 美元，除了偿还贷款外，获纯利润 4000 美元。这个数字在当时（1860 年）可谓是一笔"巨款"了。

洛克菲勒高中时的女友罗拉，她的父亲是州议员，通过他，洛克菲勒能知道全国发生的大小事情。一天议员对洛克菲勒说："南北战争马上要爆发了，年轻人要有出息，你最好也去参加战争。"而洛克菲勒才不想去打仗呢。他关心的是怎样去赚钱，能不能归还银行的第二笔贷款。与其关心要流血的战争，不如多研究研究美国的经济问题。他忍不住请教议员说："战争一旦爆发，南方的大地主和北方的工业家，哪方会更赚钱？"对于突兀的问话，作为政治家的议员一时语塞，哭笑不得。

这位未来的岳父心里暗骂道："这小子居然连国家大事都不关心，我能将女儿嫁给这样的人吗？"

回到公司，洛克菲勒对克拉克说："南北战争就要爆发了。"

"哦，打起来又会怎么样？"克拉克很迷惑。

"怎么样？我们必须马上向银行借更多的钱，我们要大量购进谷类、种子、食盐和火腿！"洛克菲勒胸有成竹地说。克拉克闻听跳了起来："你疯了，现在美国经济这样糟糕，你这样干，不赔个家破人亡才怪呢！"

经过一番全面的分析论证，克拉克终于被洛克菲勒说服了。但他仍对银行贷款缺乏信心。

"瞧我的吧，我一定能借来给你看的。只要能借到钱，我们是多多益善。南方的棉花，宾夕法尼亚的煤炭，密歇根的铁矿石……我们能买到的都要买。"

"可是，向银行贷款是要付息的。"克拉克仍顾虑重重。洛克菲勒开导说："付了息我们仍有剩余，这就叫生息赚钱。我们明年的利润目标是 3 倍。"

没多久，议员所预料的南北战争终于爆发了。由于洛克菲勒执行在战前低价购进，战时和战后高价售出的经营策略，加上当时欧洲正发生大规模的灾害，农副产品价格上涨了好几倍，从而使得洛克菲勒大发战争横财。仅仅在第二年，他们的纯利润总额就达到了 17000 美元，不是当初约定的 3 倍，而是 4 倍。洛克菲勒一举成了腰缠万贯的大商人。

洛克菲勒是全世界商界都推崇的一个传奇人物，我们回顾洛克菲勒的成功历程就会惊讶于他的成功：他正是依靠一次又一次地把握住了机遇，然后又投入行动，从而走向了成功。

在我们拼搏的过程中，一次偶然的机遇，就有可能改变我们的命运。一次偶然的机遇，会导致一个伟大的发现，使科学家一举成名；一个突如其来的机会，会使某些人大展才华，做出一番惊天动地的大事业，从而名扬中外。机遇就是这样的令人不可思议，但主要是看我们如何去把握。

有绝对把握的事情永远不可能落到你的身上，所以在机会刚出现苗头的时候就应该关注并在适当的机会将其拿下。这就是说，无论从事任何行业，都充满无限的机遇，只是受人们的视角影响而已。例如失败者的借口通常是："我没有机会！"他们将失败的理由归结为没有人垂青，好职位总是让他人捷足先登。而勇于创造机会的人则绝不会找这样的借口，他们不等待机会，也不向领导哀求，而是靠自己去创造机会，他们深知唯有自己才能拯救自己。

抓住万分之一的机会

在我们的生活中，有多少人，总是在抱怨自己成长的环境不好，却没有看到环境比我们差的人通过自己的努力走向了成功。

有一个故事讲的是美国百货业巨子约翰·甘布士是如何抓住机遇取得成功的，他的成功经验非常简单，那就是"不放弃任何一个哪怕只有万分之一可能成功的机会"。

有不少聪明人对此很是不屑，其理由是：第一，希望微小的机会，实现的可能性不大；第二，如果去追求只有万分之一的机会，倒不如买一张奖券碰碰运气；第三，根据以上两点，只有傻瓜才会相信万分之一的机会。但是，约翰·甘布士的看法却不同。

有一次，甘布士要乘火车去纽约，但事先没有订好车票，这时恰值圣诞前夕，到纽约去度假的人很多，因此火车票很难购到。

甘布士夫人打电话去火车站询问：是否还可以买到这一次的车票？车站的答复是：全部车票都已售光。不过，不怕麻烦的话，可以带着行李到车站碰碰运气，看是否有人临时退票。

车站反复强调了一句：这种机会或许只有万分之一。甘布士欣然提着行李赶往车站，就如同已经买到了车票一样。夫人关心地问道："约翰，要是你到了车站买不到车票怎么办呢？"

甘布士答道："那没关系，我就好比拿着行李出去散了一次步。"他到了车站，等了许久，退票的人都没有出现，乘客们陆续地向月台涌去了。甘布士没有像别人那样急于往回走，而是耐心地等待着。大约距开车时间还有5分钟的时候，一个女人匆忙地赶来退票，因为她的女儿病得很严重，她被迫改坐以后的车次。

甘布士买下了那张车票，搭上了去纽约的火车。到了纽约，他在酒店里洗过澡，躺在床上给他太太打了一个长途电话。在电话里，他轻松地说："亲爱的，我抓住那只有万分之一的机会了，因为我相信一个不怕吃亏的笨蛋才是真正的聪明人。"

还有一次，美国经济危机，不少工厂和商店纷纷倒闭，被迫低价抛售自己堆积如山的存货，价钱低到1美元可以买到100双袜子。那时，约翰·甘布士还是一家织造厂的小技师。他马上把自己积蓄的钱用于收购低价货物，人们见到他这股傻劲，都嘲笑他是个蠢材！

约翰·甘布士对别人的嘲笑漠不关心，依旧收购各工厂抛售的货物，并租了一个很大的货仓来贮货。他妻子劝说他，不要把这些别人廉价抛售的东西购入，因为他们历年积蓄下来的钱有限，而且是准备用作子女教养费的。如果此举血本无归，那么后果便不堪设想。

对于妻子忧心如焚的劝告，甘布士笑过后又安慰她道："3个月以后，我们就可以靠这些廉价货物发大财。"

甘布士的话似乎根本无法兑现。过了10多天后，那些工厂低价抛售也找不到买主了，便把所有存货用车运走烧掉，以此稳定市场上的物价。妻子看到别人已经在焚烧货物，不由得焦急万分，抱怨起甘布士。对于妻子的抱怨，甘布士一言不发。

终于，美国政府采取了紧急行动，稳定了物价，并且大力支持那里的厂商复业。这时，因焚烧的货物过多，存货欠缺，物价一天天飞涨。约翰·甘布士马上把自己库存的大量货物抛售出去，一来赚了一大笔钱，二来使市场物价得以稳定，不致暴涨不断。

在他决定抛售货物时，妻子却劝告他暂时不忙把货物出售，因为她看到物价还在一天一天飞涨。甘布士却独具慧眼："现在正是抛出的时候，再拖延一段时间，就会后悔莫及。"

果然，甘布士的存货刚刚售完，物价便跌了下来。他的妻子对他的远见钦佩不已。后来，甘布士用这笔赚来的钱，开设了5家百货商店，业务十分发达。

经过一番努力，如今的甘布士已经成为美国商业举足轻重的成功人士。他在一封给青年人的公开信中诚恳地说道："亲爱的朋友，我认为你们应该重视那万分之一的机会，因为它将给你带来意想不到的成功。有人说，这种做法是傻子行径，比买奖券的希望还渺茫。这种观点是有失偏颇的，因为开奖券是由别人主持，丝毫不由你主观努力；但这种万分之一的机会，却完全是靠你自己的主观努力去完成。"

当然，这种机会并非是人人都有能力得以把握的，要想把握这万分之一的机会，至少需要满足下面的条件：

首先，要有长远打算，不要急功近利，鼠目寸光更是不可取，不能看见树叶，就忽略了整片森林。其次，要有持之以恒的态度，不能三天打鱼两天晒网，因为没有持之以恒的毅力和百折不挠的信心是无济于事的。

为自己赢得机会常常需要冒风险，既然是风险就会有失败的可能，但我们不能因此就放弃对自我的挑战。人人都有脆弱之处，但睿智进取者却能坦诚面对自己的弱点与死角。如果有弱点，我们不能回避，这会消磨你前进的意志。所以我们要有勇气去承认它，并寻求各种不同的方法克服它、战胜它。

人类最大的弱点就是自己贬低自己，同时也表明自动调低了自身的价值和能力，这种毛病在现实生活中以各种不同的形式呈现在世人面前。例如，你在报上看到一份喜欢的工作，但是却由于惰性而没有采取行动，因为你从心底就对这份工作发怵，主观地认为自己的能力无法满足这份工作的要求，放松了对自己的要求，这是不可取的。

在人生的漫长旅途中，我们一直在追求一种有益的生活，并且不断地为自己创造走向成功的机会。只要我们一直保持拥有强烈的成功愿望，我们就可以创造一些条件，去实现心中的夙愿。

企业家尹明善埋头十年，终于能够脱颖而出。相信如果没有长期的积累，他也无法获得发言的机会从而侃侃而谈，赢得日后做生意的人脉；正业集团总裁韩真发有了进军现代农业的准备，才能顺利接手吉林省公主岭市养猪企业，有了一定的养猪规模，从而获得 PIC（全球最大种猪改良公司）的青睐。所以，那句大家烂熟于胸的箴言——"机遇只垂青有准备的头脑"实在是颠扑不破的真理。

曾经在世界电脑界一枝独秀的 SGI（一个生产高性能计算机系统的跨国公司）以具有三维图形功能的电脑工作站和服务器声名鹊起，许多好莱坞的制片人、科学家都曾对其产品爱不释手。票房大片《侏罗纪公园》的动画模拟就是用 SGI 的三维图形计算机制作的。然而在硅谷还一片兴旺的时候，SGI 的衰落被管理界认为是由于丧失领先机遇。所以说，机遇垂青那些领先者，因为机遇从来就不是大众产品。

机会永远游走在这个世界当中，但不是所有人都拥有把握的能力。但是这不是我们选择放弃的理由，只要时刻保持一颗向上的心，并在平时的生活、工作中积累经验、提高能力，抓住稍纵即逝的机会也不是难事！

风险往往与机遇并存

> 生活中，人们总是喜欢顺境，而不喜欢逆境。然而，任何顺境都是夹在捉摸不定的逆境之中的。风险也是如此，虽然它看上去比较可怕，但只要你敢迎着它努力前进，回报也是丰厚的——机遇也会随之而来。所以说，敢于冒险，敢于成为英雄，只有突破常人所认为的逆境心态，才能抓住人生的发展机遇。

当今社会，很多人特别重视自己在生活中所处的位置和各种处境，过分地计较工作的条件和报酬。他们无法面对冷酷的现实和现实的困境，以及生活条件的匮乏，长期在失意和卑微中徘徊。长期处于这种情况下的人要想成功，必须坚持自己精神的独立和顽强的追求，突破环境的局限，开辟自己的路。如果不是坚持走自己的路，一个人即使在顺境中也会平庸无能，一事无成。

资深传媒人士、成功女性的代表杨澜说过，万无一失意味着止步不前，那才是最大的危险。为了避险，才去冒险，就像战场上的名言：最好的防守是进攻，这样才有机会为自己赢得机会。

1865年的美国刚经历了南北战争，人民取得了胜利，最终废除了农奴制度。有着高瞻远瞩眼光的钢铁巨人卡内基看到自己的机会来了。他深信，经历了这场战争以后，美国经济的复苏是必然的，经济的发展一定会刺激钢铁的需求。于是他义无反顾地辞去铁路部门待遇优厚的工作，把自己主持的两大钢铁公司合并为联合制铁公司，并让他的弟弟汤姆创立匹兹堡火车头制造公司并经营苏必略铁矿。

时势又赋予了卡内基大好的机会，加利福尼亚州刚刚并入美国，美国政府打算在那里修一条横跨大陆的铁路。卡内基克服了重重困难发展钢铁，还买下他人与钢铁公司有关的专利。但到了 1873 年，美国的经济大萧条到来了，金融业陷入了瘫痪之中，各地的铁路工程支付款被中断，现场施工被迫停止，铁矿山和煤矿都相继停业，连匹兹堡的炉火也熄灭了……

在如此困难的境地，卡内基却反常人之道，他打算建造一座钢铁制造厂，还成功地让摩根注入了股份。结果，建厂成本比他原先估计的还便宜许多，这令卡内基兴奋不已。

随后，卡内基以他自己的三家制造企业为主体，又联合了许多小焦炭公司，成立了卡内基公司。后来，卡内基兄弟的钢铁产量占全美钢铁产量的七分之一，卡内基公司逐步迈向垄断型企业。

卡内基有着先天的经商头脑，他敢于反其道而行之，敢于发现和把握机会，也敢于利用逆境促成的良机，敢于以超前的眼光把握不利因素中的有利因素，最终走向成功。

其实，成功和失败在人生当中是寻常可见的事情，但却被赋予了不同的社会意义——认为失败是可耻的，其实这是一个错误。并且，传统观念使人们只注意从失败中吸取教训，而不注意对成功的研究，所以失败在人的心理上留下的印痕更深。如果一个人接二连三的失败，就会给他的心理造成冲击，会觉得自己一文不值，会把生活中的一些阴暗面无限放大，从而陷入悲观失望的消极情绪中不能自拔。而与一般人正好相反的是，成功者总能从消极与危机中看到积极的因素，因此也总能获得常人难以取得的回报。

一个人当时所处的环境和所享有的条件并不重要，重要的是人生往何处去、用什么样的方式去才是最需要考虑的。有了这个信念，你才能突破环境与条件的局限，迈步走向正确的方向。

1964 年，在美国俄亥俄州辛辛那提市有一处十分破旧的平民住宅区。由于很多人不喜欢住在这么一个脏乱破旧的地方，所以它变成了一个几乎无人居住的地方。房东也因此不能收到租金，只好宣布破产拍卖。

对于这处衰败的居住区，没有人对它感兴趣。这令房东十分苦恼，他四处打探新的买主，急着把破烂的房子处理掉。只有一个人认为机会难得，相信这个地方一定会有利可图。于是，他向银行贷款，一举买下了这个不被人们看好的平民住宅区。作为新主人的他，详细地分析了原业主经营失败的根源，他对此做了大幅度的改进。为了能使它增值，他又把它做抵押，再次贷款来修整改建。然后，他把这处房产放盘出售。仅一年，他就净赚了 500 多万美元。由于这次所尝到的甜头，他对这一行信心倍增，又不停地寻找机会。

1973 年，他在报纸上看到一个消息，宾夕法尼亚州中央铁路公司因资不抵债而导致无法运行，只好申请破产。铁路公司把其旗下的金库多酒店放盘出售，在当时，金库多酒店所处地理位置相当优越，很多商人都竞相购买，但他们一看到很高的价码便偃旗息鼓了。但他毫不退缩，认为这个处于黄金地段的酒店一定会带来丰厚的商业利益。于是他毫不犹豫地贷款 1000 万美元购得了这家酒店。然后，他又把酒店作为抵押，贷款 8000 万美元，对酒店进行了全面的装修改建。

经过装修改建完后的酒店对外营业，每年的净利润就达 3000 多万美元，三年之后，他不但还清了所有的贷款，而且属于他的财富也滚滚而来。

这就是美国总统同时也是地产大王的唐纳德·特朗普的经历，他的辉煌业绩举世瞩目。如今的他，拥有庞大的物业，如巨型超级市场和五星级酒店等，拥有数十亿美元的财富。

社会是公平的，它不会把好的事物和坏的事物分开放，而是自然地存在于社会现实中，让我们共同经历这种好坏交织的体验——谁也不可能一生都一帆风顺，反之亦然。机会和风险也是如此，他们就像上帝随意洒落的东西一样，散乱地分布在你的周围。只要我们磨炼出一双慧眼，能够细心分辨出在什么情况下搬开风险的石头就是一个摆在你面前的巨大机遇，成功对你来说就不是遥不可及的事情了。

在困境中奋起拼搏

　　你和富人既然不能站在同一条起跑线上，那么，就应该寻找富人没有注意到的机会，想办法超越富人，也就是说，要善于利用出人意料的方式赶超别人。

　　在瞬息万变的商品社会，冷门和热门是没有绝对界限的——说不定今天还是大热门，明天就被抛弃了；同样，今天的冷门也许明天又会迅速走红。如果你能够根据自己的实践经验和洞察力，发现冷门背后的机遇，一样可以获得成功。

　　现在持续流行的牛仔裤，在美国却是"无心插柳"的意外成功之举。100多年前，在美国的西部，广袤的美国加利福尼亚州掀起了一股淘金热潮。许多人蜂拥而至，却只是随大溜，只有少数人获得了成功。而那些先到达的人成了百万富翁的消息不胫而走，吸引了更多的人来到这充满希望的加利福尼亚。一时之间，本来无人问津的荒凉西部，成了大大小小的人口聚集区，这些人又大多以淘金为目的。这样一来，经营淘金用的器具和基本的生活用品也成了最赚钱的行业。

　　这时，一个落魄的年轻人也随着这股热潮来到了这里，他就是后来的牛仔裤之王李维·斯特劳斯。但是，这个时候他带来的不是淘金工具和日用百货，而是他原来经营的线团、帆布等用品，这些东西一般在美国其他地方只作为缝补用品。一到淘金人的聚集区，他的生活用品却大受欢迎，很快缝纫用品、线团等就被大家抢购一空——原来，淘金矿需要在野外劳作，身上的衣物很容易毁掉，所以需要大量的缝补。这样一来他就有机会认识了很多裁缝，其他物品都很热销，只有他的帆布始终无人问津。

李维·斯特劳斯虽然听说淘金很赚钱，但他所见的人当中大部分并没有成功，所以他没有头脑发热加入淘金的行列。他在冷静地观察情况，等待赚钱的机会。通过一段时间的观察，并据此进行认真分析，他相信他的机会终于来临了。

一天，李维·斯特劳斯瞅准机会，和一位因为一整天挖矿而显得疲惫不堪的矿工坐在一起休息，并趁机和他聊天，了解矿工们是否有最新的进展和需求。这个矿工向李维·斯特劳斯大倒苦水，抱怨说："唉！我们一天到晚地拼命工作，面对的只有挖不完的石头，就连吃饭睡觉的时候都担心别人抢在自己前头去，害怕因此失去发财的机会。就连裤子破了也没有工夫去补，虽然最近你给我们提供了缝补的物品，但是却不能解决多大问题。因为就算缝补好了，很快就会再次坏掉，你知道，在这个鬼地方，挖矿的工作会让裤子磨破得特别快，一条裤子穿不了几天就得扔了，需要换另外一条……"

"是吗？如果有一种非常耐磨的裤子……"斯特劳斯没有再继续听矿工说下去，而是陷入了沉思。自己的帆布不就是一种非常耐磨的材料吗？如果把这种又硬又耐磨的帆布做成专门挖矿用的衣服，在这里一定非常好卖。对，就这样，让裁缝把帆布做成裤子，一定可以赚大钱！

说干就干，他立即行动起来，找到裁缝，跟他说了自己的想法，裁缝对这种又硬又厚，并且穿到身上非常不舒服的衣服的前景并不看好，但还是按照他的意思做成了世界上第一批牛仔裤。斯特劳斯将它们推到市场上时，果然大受淘金者的欢迎，甚至有人专门从远处到他这里来求购这种"挖矿专用"的裤子。

斯特劳斯看到了成功的曙光，他更有干劲了，并且在这种样式的基础上不断改进和提高牛仔裤的质量，帆布牛仔裤逐渐演变成了一种流行时尚。随着世界交流的不断紧密和美国在国际上影响力的不断增大，牛仔裤也迅速从美国的一个小镇影响整个美国，不久又传遍了整个世界。

凭着对冷门的热思考，斯特劳斯最终成了闻名于世的"牛仔裤大王"。这个经典的案例告诉我们，当我们没有实力和别人竞争，或者和别人竞争非常困难的时候要多想一想还有没有其他的途径。正所谓条条大路通罗马，通向成功的道路一定有很多，我们不必在一条路上凑热闹，可以另辟蹊径，这样更容易成功。

冷门不冷是如今高度发达的市场经济的一个特点，起点低的人只要能放下包袱，有抱负，开动脑筋，学会剑走偏锋，一定可以找到一条通向成功的路径，实现人生的理想。

机遇垂青于有准备的人

法国著名思想家、数学家笛卡尔说过，机遇总是垂青那些有准备的人。这就让那些整天梦想着不劳而获的人惊醒过来——虽然机遇会一次次与你相遇，如果你没有准备好，你仍然无法把握它。

现实生活中总有这样一些人，他们起早贪黑地工作，却漫无目的。当别人取得成绩时，他们还抱怨自己的运气不好，可又有谁真正想过：为什么别人成功了？不是他运气有多好，还要看看彼此付出了多少。其实机会永远是留给有准备的人的，并不会莫名其妙地从天而降。任何一个机遇的来临，往往都是因为自己过去的努力所致。

有一个出生于贫困山区的小男孩，从小因为营养不良而患有软骨症，在他6岁时双腿变成"弓"字形，而小腿更是严重萎缩。然而在他幼小心灵中一直藏着一个除了他自己，没人相信会实现的梦——有一天要从山区走出来，并让城市里的人都认识他。

他曾经说："我最敬慕的人是我的父亲！因为他有一个心愿，就是让大山里的人都走出去，并能抬起头来面对城市。

"然而命运就是这样的不幸，我的父亲为了我的脚病病逝了。父亲最后对我说的话让我牢牢记在心里，他说：'孩子，虽然命运让你变成了这样，但你不要悲观，你要勇敢地面对未来，你要为自己今后的路做出选择，我一辈子最大的希望是让我们大山里的人能走出去，但现在我不能继续走下去了，我希望你能去完成我没有完成的事。'"

在这个人21岁时，有一个投资者带着一笔数目不小的资金进入了这个大山，也是这个投资者给他带来了机会，让他有了走出大山、走出贫穷落后的机会。那天他大大方方地走到这位投资者的跟前，朗声说道："你好，先生。我能和你谈谈吗？因为我能为你带来很大的利益。"

投资者和气地向他说了声："谢谢。"

年轻人又说道："如果你能让我代表你在这儿投资，我想你会更加容易些。"

投资者转过头来问道："这是为什么呢？"

年轻人摆出一副神态自若的表情说道："因为我是大山里的人，我知道这里的一切，同时这里的每个人都认识我，而且我得到了他们大多数人的认同。"

投资者十分开心地笑了，然后说道："你真的不简单。"这时年轻人挺了挺胸膛，眼睛闪烁着光芒，充满自信地说道："虽然我不是一个身体正常的人，但我心里永远有一个理想，那就是通过走出这里，为这里带来幸福，让这里也和城市一样。让所有的城里人都向往我们这里，而且我相信我能做到！"

听完年轻人的话，这位投资者微笑着对他说道："好大的口气！年轻人，你叫什么名字？"年轻人笑了笑说："我的名字很简单，大家都叫我刘伦。"

正是这次的谈话使得刘伦最终走出了大山，也为投资者带来了更大的利益，而且他也让大山里的环境得到了改变。

所以，在我们实现自己人生价值的历程中，我们必须认真地去做，自己给自己创造机会，然后我们还必须以永不放弃的精神执着地去做，只有当我们扎扎实实地做了，我们离自己的人生目标也就越来越近了。

卡内基是美国一家钢铁公司的老板。他一直想有大的发展，兼并一些大的钢铁公司，但一直未能如愿。后来，美国全国性的罢工越来越多，所有的钢铁企业包括卡内基的公司都受到了强烈的冲击。对一般人来说，这是问题来了。而聪明的卡内基却感到机会来了，因而采取积极得力的措施，使公司尽快从罢工问题中解脱出来。

他积累了处理罢工问题的经验，同时也积极储备资金。在此基础上，他密切注意各个竞争对手的状况，抓住机会，将这些处于罢工困境中的公司一家家兼并下来。卡内基公司获得了超时代的发展，其钢铁在全国市场上的占有率从1/7 一跃成为 1/3。不久，他将公司改名为美国钢铁公司，成为当时世界上最大的钢铁公司。

卡内基一生的成功经历证实了华尔街股市的一句名言："牛（上涨）能赚，熊（下跌）能赚，猪只能进屠宰场。"卡内基无疑是成功的，这一点无可辩驳。但我们更应该关注的是他成功的经验和做事的风格。当所有人遇到困难和问题时，只要你能先于他人攻克难关、化解难题，那么，普遍的困难和问题就成了你超常的独特良机。

在马德里的监狱里，塞万提斯写出了《堂吉诃德》，那时他穷困潦倒，连稿纸也买不起。有人劝一位富裕的西班牙人资助他，那位富翁却说："上帝禁止我去接济他的生活，唯有他的贫穷才能使世界富有。"

音乐家贝多芬在两耳失聪、穷困潦倒之时，创作了他最伟大的乐章；席勒病魔缠身十五年，却写出了他最辉煌的著作。为了得到更大的成就和幸福，班扬甚至说："如果可能的话，我宁愿祈祷更多的苦难降临在我身上。"

只要我们在遇到困难时，能够从一次又一次的挫折和失败之中、一次又一次的迷惘和困苦之中走出来，并且能够产生一种爆发力，就能够走向成功。因为我们的爆发力有多大，我们就能取得多大的成就。我们的执着力有多大，我们就能做多大的事业。当你足够大时，困难和障碍就微不足道；如果你很弱小，障碍和困难就显得难以克服。

那些成就平平的人往往不是没有机会，而是没有为即将到来的机会做准备。他们不是把困难转化为机会的天才，而是在每一项任务中首先看到的是困难而不是机会。他们莫名其妙地担心，使自己丧尽勇气，同时也把机会轻易放过。如果一开始行动就抱怨困难重重，那么就会被困难所击败。他们善于夸大困难，缺少必胜的决心和勇气。即使为了赢得成功，他们也不愿意牺牲一点点安乐和舒适作为代价，总是希望别人能帮助他们，给他们支持。

不要总是抱怨机遇不曾光顾你，还要反过来想一想：自己是否为机遇的到来做好了准备？就像英国诗人雪莱说的那样："人可以不会创造时机，但是可以时刻准备着抓住那些已经出现或者即将出现的时机。"

迎接机遇要有强烈的竞争意识

21世纪是充满竞争的年代，敢于冒险，敢于探索，善于竞争，富于创造是21世纪对人才的基本要求。虽然很多人处于社会的中下阶层，但也要跟上时代，为自己赢得进步的机会。

在市场经济社会中，人们都在一定的经济地位中生活，各种经济状况无不反映出思维观念的烙印。对许多人来说，不是没有机会，是不认识机会或没有事先做准备；不是生意难做，是不会做；不是没有绿洲，是因为心里一片沙漠；不是没有阳光，是因为总低着头；不是不聪明，是总认为世界上自己最聪明；不是没有岗位，是不胜任岗位的素质要求；不是我不行，而是我不学！随着时代的进步，我们已经告别了封闭、僵化的计划经济体制，置身于全面改革开放的市场经济社会。时代已跨入21世纪，中国13亿人口将处在同一个起跑点上，同时面对观念的转变，知识的更新，从某种意义上说，这就是发展自己的最好机会，一切机会都隐藏在社会的发展和变化中。我们必须适应变化，在变化中树立竞争和危机意识，迎接新生活中不确定因素的挑战。

中央电视台《动物世界》栏目讲过：在非洲的草原上，生活着斑马、羚羊和狮子，每天早晨，羚羊和斑马睁开眼睛所想到的第一件事就是：我必须比狮子跑得快，否则，我就可能被吃掉；狮子在想的是：我必须追得上跑得最慢的羚羊和斑马，否则，我就会被饿死。人类生活中，从另一个意义上也重复着同样的故事。这个故事给我们提出这样一个问题：我们应该同情谁？到底谁应该活下去？正确答案应该是：物竞天择，优胜劣汰，强者生存！自然界不同情弱者，市场经济不相信眼泪。为了更好地生存，我们永远要比别人跑得快！也有人讲过这样一个故事：两个运动员在森林里行走时遇上了一只老虎，其中一个人急忙穿上跑鞋。另一个人则讽刺说："你穿跑鞋也没用！"他回答说："你以为我穿上跑鞋是与老虎赛跑吗？我只要跑过你就可以了！"这个故事告诉我们，我们要不断地穿上跑鞋，与身边的人赛跑。我们要喜欢竞争，因为对手有多强我们就会有多强！

进入 21 世纪，人们没有固定的职业，原来铁饭碗的概念将逐渐消失，新概念又将形成。所谓新的铁饭碗，不是在一个地方吃一辈子饭，而是凭借新技能到哪里都有饭吃！昨天的铁饭碗，今天可能变成泥饭碗；昨天能力平庸的职员，明天可能被优秀的人才所取代；去年的下岗职工，明年可能成为律师，后年可能又成为修鞋匠。失业和倒闭将是新世纪最时髦的名词。人们会经常看到，每天都有开业庆典的，也有倒闭破产的。在 21 世纪里，一些公司的员工将遍及全世界各个角落，人们可以身兼数职，可以在全球众多公司同时供职。随着网络的应用和发展，目前的众多职业，将从地球上永远消失，虚拟经济已颠覆现实。这是一种趋势，一种潮流，不可逆转。随着我国的发展，竞争会越来越激烈，就业，下岗，再就业，再下岗，将成为司空见惯的事。要想避免生存上出现困难，唯一的办法就是多学几手，一专多能。这样，一旦下岗失业，心中不慌。只要我们精神不下岗，就可以重新学习新知识、新技能，学习在市场经济大潮中搏击的本领，总有一天会在另一个行业里重新上岗！

青蛙在水里能生存，一旦水干了，在陆地上也能生存，因为它有两个本领，而鱼则死掉了。野鸭子因为有会飞的本领在空中仍然能够生存。曾经有一个猫和老鼠的故事：一只老鼠差一点儿被猫抓住，仓皇逃进洞里，下决心三天不出洞。不一会儿，洞口传来几次狗叫声，老鼠想，现在已经很安全了，因为狗与猫也是死对头，有狗在，就一定没有猫。于是放心地又出去觅食。刚到洞口，就被那只猫一口咬住。老鼠感到很奇怪，认为自己分析判断的没有错，百思不得其解。

于是，它问猫："请教猫先生一个问题，刚才我听到的明明是狗的叫声，为什么不是狗，而是你？"猫幽默地回答："已经21世纪了，不多学一两门外语，还怎么生存下去！"

人生下来就已经注定要竞争一生：为了优越的生活，为进入大学而竞争。如果是没有危机感的人，在当今社会是无法立足的。为危机做超前准备，就会化危机为转机。21世纪是终生学习的世纪。"学习如逆水行舟，不进则退。"不学习就会落后，学得少了也是一样的结果！错过一次次学习、提高自己的机会，慢慢就会被别人超越。

如果你正在做社会中很少有人涉足的事业。那么恭喜你，你已经比别人先行一步，超越了大部分人，这就是一种成功。当别人休息的时候，我们还在学习，我们又一次超越别人！要想比别人强，就要比别人多懂，多懂来自多学。只有懂得更多，才能做得更好。只有比别人做得更好，才能强于别人！因为很少有人喜欢改变自己，所以成功的总是少数人！成功人士总是做那些普通人能够做而不愿做的事，他才成功！

没有目标的人，都在帮助有目标的人完成目标。成功者也需要众多普通人的帮助、衬托和让位！所以从某种意义来说，少数人的成功，要感谢多数人的落后！在运动场上，裁判员不是根据起点的先后认定名次，而是看谁先到达终点！作为观众，通常不会赞赏跑在最后面的人。竞争会推动社会进步，竞争会使我们由弱变强！

这个世界是不断变化的，一刻也停不下来，熙熙攘攘的人类为了在有限的资源中争得自己的一份儿，使出浑身解数。因此，一个人的水平和能力需要不断地提高才能有资本与人竞争。

如果一个人连为自己争取生存空间的想法都没有的话，那就和行尸走肉没有区别了。要想跳出泥淖，必须加强竞争意识，为了自己的未来努力奋斗。

第六章

宁可遍体鳞伤，也要拼尽全力

果断是成功的必备条件

　　行事果断的人往往给人一种干练的感觉。作为一个敢闯敢拼的年轻人，因为少了很多世俗的牵绊，更容易形成果敢的行事风格。

　　有一个 6 岁的小男孩，一天在外面玩耍时，发现了一个鸟巢被风从树上吹掉在地。从里面滚出了一个嗷嗷待哺的小麻雀，小男孩决定把它带回家喂养。

　　当他托着鸟巢走到家门口的时候，他突然想起妈妈不允许他在家里养小动物。于是，他轻轻地把小麻雀放在门口，急忙走进屋去请求妈妈。在他的哀求下妈妈终于破例答应了。

　　小男孩兴奋地跑到门口，不料小麻雀已经不见了，他看见一只黑猫正在意犹未尽地舔着嘴巴。小男孩为此伤心了很久。但从此他也记住了一个教训：只要是自己认定的事情，决不可优柔寡断。这个小男孩长大后成就了一番事业。

　　在人生中，有很多机会都是在思前想后的犹豫不决中悄悄溜走。虽然这样的结果避免了因做事而犯错的机会，但却也因此失去了扭转困境的良机和锻炼自己的机会，可谓得不偿失。

　　很多普通人，一生之中发展自己的机会极少，但只要在机会来临之际，果断地抓住，一样可以实现自己心中伟大的梦想。

　　在以色列，一位行为学家在年轻的乞丐中搞了一次施舍活动，施舍物有 3 种：400 新谢克尔（约合 100 美元）、一套西装和一盆以色列蒲公英。施舍过程中，行为学家搞了一个统计，统计结果是：近 90% 的乞丐要了 400 新谢克尔，近 10% 的乞丐要了西装，剩下极少数的乞丐要了蒲公英。

十年后，这位行为学家对当初参加施舍活动的乞丐进行了跟踪调查，调查结果为：要新谢克尔的乞丐，至今基本仍为乞丐；要西装的乞丐，大部分成了蓝领或白领；要蒲公英的乞丐，全部成了富翁。针对令众人迷惑的结果，行为学家做出了如下解释：

要新谢克尔的乞丐，在拿钱时，心里想到的是收获，这种只想收获，不想付出的人，只能永远是乞丐。

要西装的乞丐，在拿西装时，心中想到的是改变。他们认为，只要改变一下自己，哪怕是稍微改变一下自己的形象，就有可能改变自己的一生。他们正是通过这种不断改变，使自己由乞丐变成了蓝领或白领。

要蒲公英的乞丐，在拿蒲公英时，心中想到的是机遇。他们知道，得到的这种蒲公英，不是一般的蒲公英，它原产于地中海东部的沙漠中。它不是按季节舒展自己的生命，如果没有雨，它们一生一世都不会开花。但是，只要有一场小雨，不论这场雨多么小，也不论在什么时候落下，它们都会抓住这难得的机遇，迅速开出自己的花朵，并在雨水蒸发完之前，做完受精、结籽、传播等所有的事情。

以色列人认为，这个世界上，有人和沙漠里的蒲公英一样，发展自己的机会极少。但只要拥有蒲公英一样的品格，在机会来临之际，果断地抓住，同样会成为一个了不起的人。

商场如战场，机会稍纵即逝，容不得你有任何犹豫和迟疑，做一个果断的人吧，不要放过任何摆在你面前的机会。

要提升胆识，更要做足准备

人人都想成功，可为什么总不是你呢？稍微看一下成功者的第一步就很容易得出答案。当比尔·盖茨辍学时所有的人都说他不正常。可谁会想到二十年后全世界的人都在享用他的产品？你为什么没有成功？原因其实很简单，那就是当机会摆在你面前的时候你犹豫不决甚至怀疑，决策中你总是优柔寡断，实施过程中你总是不能坚持不懈。只有大胆决策，百折不挠者才可成功！

想要捕到好鱼，就要早早撒好网做好准备，这是最为关键的一点，免得到时候手忙脚乱。所以说每个人在做任何事情的时候，都要事先做好准备工作，只有这样才能有针对性地做好工作，为机会创造成功的有利条件，让成功最大化。

在社会上与人相处，只有事先做好准备，你才能走在其他人的前面。准备的细致程度决定着你能够安全前行的距离。所以我们说，那些走在最前面的人，总是做好充足准备的人。现在的社会处处都存在着竞争。在这个大环境下，只有有准备的人才能脱颖而出，只有有准备的企业才能走在前面，落后就会被淘汰。

有准备的人一定会领先别人一步。因为机遇总是喜欢光临有准备的人。有些人认为老天对自己不公平，为什么自己会与别人相去甚远？其实这并非老天的不公，而是因为每个人都有机遇，只是他们没有做好事先的准备工作，让机遇白白地溜走了。如果机遇可被每个人轻而易举地得到，那么这种机遇便显得没有多少价值了。所以说，机遇也只给那些做好充足准备的人。

亨兹曼在小的时候，就希望自己长大以后能够成为大商人。自从有了目标后，他便开始系统地规划他的事业。亨兹曼在大学待了四年，在海军待了两年。他以这些背景开始在一家每年销售额 30 万 ~50 万美元的中型公司工作。后来，他就以实习生的身份加入一家农产品公司工作，而在短短的五年之后，就被升为副总裁。亨兹曼用聚苯乙烯做实验，生产出最好的装蛋纸盒。他的实验成功了，从而引起了道化公司与他们的合并。在他 30 岁的时候被任命为一家新公司的总经理。三年后，他认为应该离开舒适的工作环境，继续追求理想……最后他成立了亨兹曼化学公司。

从这个故事当中，我们很容易看出前期的准备是非常重要的。难道不是吗？一个寻找工作的人，先做好准备，再奋力出击。比如，一个职员应该充分利用雇用单位的政策，出席各项重要的产业或专业讨论会。有远见的职员通过了解这类讨论会，就能够丰富自己的履历表，增加寻找工作的有利因素。

想要得到一份好的工作就需要有所准备。这其中的准备条件包括：拥有正确的心理态度，健康的身体，以及教育、工作和生活的经验。

曾经有一则消息说：日本东芝公司从普天王芝合资公司撤资。这一消息意味着东芝正式退出中国 CDMA 手机市场，这一事件再次引起了业内人士对过去几年一直处于国内手机市场二三阵营的日系手机企业生存状态的关注。甚至有人断言，此事将引发日系手机企业"前赴后继"地淡出中国市场。

原本一直保持领先地位的日系企业竟然落后了，这种情况为什么会出现呢？其中最为致命的原因就是他们缺乏准备。因为他们在进入中国市场以前，并没有做好市场调研，所以推出的产品不能很好地适应中国市场的需求。

进入中国市场后，日系手机企业也没有准备好有效的市场战略。他们只注重产品本身的功能和技术含量，而忽略了必要的市场推广和宣传，以至于消费者对于日系手机品牌的认知度，明显低于欧美系的手机品牌。

在中国的手机市场，聚集了欧美、日韩、本土等上百个手机品牌。面临如此严峻的竞争局面，日系手机企业却没有对其他品牌的产品进行细致的研究，没有对中国消费者的喜好进行详尽的调查，甚至没有对市场战略进行有针对性的调整。这种在各个方面都缺乏准备的后果，就是只能在激烈的竞争中居于下风。

有准备者领先，无准备者落后。这句话值得我们每一个人认真思考。

后来联想为了收购IBM，做了非常详细周密的调查，做好了准备，真正做到了不打无准备之仗。其实，几年前，就曾有收购IBM的议论，但当时联想人认为自己的准备并不充分，所以，才搁置了一段时间。

的确如此，联想充分的前期准备工作做得非常好。他们已经将这次收购的风险降到了最低，而这一切首先要归功于高度重视准备的柳传志。他把塑造企业比喻为盖房子，房顶是企业的核心竞争力，围墙是管理能力，准备就是房子的地基。要想让房子牢固，地基就必须打好。

当时联想公司里面的一个领导说："我从不干被人称作勇气可嘉的事。"没有做好准备的事，哪怕再诱人，他也不会去冒险。正因为如此，当多数国内企业家仍为生存绞尽脑汁时，柳传志已经就普遍困扰中国企业的生存、改制、交接班等一系列问题，为联想找到了堪称业界典范的解决方案。这些，都是准备的力量。

要想在竞争中走在前面，关键在于在整个行进的过程中做好准备，只有这样才能保证你走得快、走得稳。

做别人不敢做的事情

"当机会来临时，不敢冒险的人永远是平庸之辈。"那些瞅准机会，并勇于行动的人永远都是离成功最近的人。

现实生活中的我们，很容易身处逆境之中。不要气馁，不要失去希望，要承受住压力甚至苦难，顽强地忍耐着等待机会的降临。但是，命运的改变往往就在某一个机会上，抓住这个机会可能成功，也可能失败，成功与失败均是不可预见的，去做就意味着冒险；而在失败与成功都不可把握时，就更意味着风险。那么，面临此等机会，我们该怎么办？由于是身处逆境当中，我们可以凭借或依赖的东西非常有限，往往就是"抵上身家性命，成与不成在此一搏"。赢了，我们的人生就此改变；输了，大不了从头再来。一般人往往会望而却步，甘愿放弃机会，也不敢勇敢地面对风险。而勇敢者就会知难而上，激流勇进。只要我们充分估计了自己的能力和各方面的状况，不是盲目冒进，就应该大胆地去尝试、去冒险。

我们常说风险中蕴含着机遇，正所谓"高风险，高回报"，只有敢于冒险的人，才会赢得人生辉煌。而且，那种面临风险，审慎前进的人生体验为我们练就了过人的胆识，这更是宝贵的精神财富。犹太人无疑是这种财富的拥有者：他们凭借着过人的胆识，抱着乐观从容的风险意识知难而进，逆流而上，往往赢得了出人意料的成功。

1862 年，美国南北战争已经爆发，林肯总统颁布了"第一号命令"，实行全军总动员，并下令陆海军展开全面进击。

摩根与一位华尔街投资经纪人的儿子克查姆商量出了一个绝妙计划。这天，克查姆来访，说："我父亲在华盛顿打听到，最近一段时期北方军队的伤亡惨重！"

摩根敏感的商业神经被触动了："如果有人大量买进黄金，汇到伦敦去，会使金价狂涨的！"克查姆听了这话，对摩根不由得刮目相看。为什么自己就没有想到这点？两人于是精心策划起来。

两人先秘密买下 400 万~500 万美元的黄金，到手之后，将其中一半汇往伦敦，另一半留下。然后有意地将往伦敦汇黄金之事泄露出去。这时，估计许多人都应该知道北方军队战败的消息，金价必涨无疑。这时再把手里的一半黄金以高价抛出去。

不出他们所料，当摩根与克查姆"秘密"地向伦敦汇黄金时，消息不胫而走，结果引起华尔街的一片大乱。黄金价格应声上涨，而且连伦敦的金价也被带动得节节上扬。当然，这都在摩根、克查姆的预料之中，因此他们坐收渔翁之利，大赚了一笔。

举世闻名的犹太人历来以冒险家的身份让世人瞩目。无论在东方还是西方，在很长一段时间内，"冒险家"都是一个略带贬义的称呼。不过，现在人们的观念终于转变过来了。人们认识到，风险是客观存在的，做任何事情都有成功与失败的可能。因为在严格意义上来讲促成一件事情成功的因素是不可预知的，人的力量只能对其中的一部分加以掌控。所以，做任何事情都有风险，只是大小不同罢了。如果一件事成功与失败的概率相等或后者更大，那么做这件事无疑要冒很大风险。现代社会中充斥着种种冒险游戏。特别是在经济领域，投资意味着风险，特别是炒股票，风险就更大。不过，一条颠扑不破的经济上的真理就是风险越大，收益也就越大。商家的法则就是冒险越大，赚钱自然就会越多，特别是对于一个尚未有人涉足的市场领域，作为第一个吃螃蟹的人当然要承担更大的风险，但一旦你熬过这一个阶段，财富的天窗就会为你打开。

19 世纪 80 年代，在关于是否购买利马油田的问题上，洛克菲勒和同事们发生了严重的分歧。利马油田是当时新发现的油田，地处俄亥俄州西北与印第安纳州东部交界的地带。那里的原油有很高的含硫量，反应生成的硫化氢发出一种鸡蛋坏掉后的难闻气味，所以人们都称之为"酸油"。没有炼油公司愿意买这种低质量原油，除了洛克菲勒。

洛克菲勒在提出买下油田的建议时，几乎遭到了公司执行委员会所有委员的反对，包括他最信任的几个得力助手。因为这种原油的质量太差了，价格也最低，虽然油量很大，但谁也不知道该用什么方法进行提炼。但洛克菲勒坚信一定能找到除去高硫的办法。在大家互不相让的时候，洛克菲勒最后开始进行"威胁"，宣称将个人冒险去"关心这一产品"，并不惜一切代价。

委员会在洛克菲勒的强硬态度下被迫让步，最后标准石油公司以 800 万美元的低价买下了利马油田，这是公司第一次购买产油的油田。此后，洛克菲勒聘请一名犹太化学家花了 20 万美元，让他前往油田研究去硫问题。实验进行了两年，仍然没有成功。此期间，许多委员对此事仍耿耿于怀，但在洛克菲勒的坚持下，这项希望渺茫的工程仍未被放弃。这真是一件天大的幸事，又过了几年，犹太化学家终于成功了！

洛克菲勒的这一巨大成功，充分说明了他透过现象看本质的惊人的经济透视能力，同时也很好地体现了美国传统的冒险精神。

"胆商"比"智商"更重要

> 世界上有两种人：空想家和行动者。空想家们善于谈论、想象、渴望。他们似乎不管怎样努力，都无法让自己去完成那些他们知道自己应该完成或是可以完成的事情。而行动者则是去做。行动者之所以比空想家成功，那是因为行动者一贯采取持久的、有目的的行动。

人生在世，都想建立自己的丰功伟绩，而要想建立一番事业，必定会有对手。而能够超越你竞争对手帮助你实现梦想的关键，能够帮助你成功致富的关键，能够帮助你谱写精彩人生的关键，除了敢想还要敢做。

敢想可以使一个人的能力发挥到极致，也可逼得一个人献出一切，排除所有障碍。敢做使人全速前进而无后顾之忧。凡是能排除所有障碍的人，常常会屡建奇功或有意想不到的收获。

比尔·盖茨在2007年哈佛大学毕业典礼上讲道，他当初创业，就是坚定地认准目标，并矢志不渝、锲而不舍。他一针见血地指出，不要让这个世界的复杂性阻碍你前进，要勇敢地成为一个行动主义者。他说："关键的东西是永远不要停止思考和行动。"

爱迪生也曾说过："当一个人年轻时，谁没有空想过？谁没有幻想过？想入非非是青春的标志。但是，我的青年朋友们，请记住，人总归是要长大的。天地如此广阔，世界如此美好，等待你们的不仅仅是需要一对幻想的翅膀，更需要一双脚踏实地的脚！"

不要抱怨自己的命运不好，行动就是力量。一万个空洞的幻想还不如一个实际的行动。唯有行动才可以改变你的命运。很多人对创业充满期望，却又对自己缺乏信心。其实谁都可以致富，只要你敢去做。在我们身边，许多相当成功的人，并不一定是他比你"会"做，更重要的是他比你"敢"做。

十几年来，史玉柱一直是中国经济界的风云人物。在 20 世纪 90 年代初至 90 年代中期的中国十大富豪榜上，史玉柱还是唯一一位靠知识发家的富豪。史玉柱的老家在安徽怀远。1984 年史玉柱从浙江大学数学系毕业，分配至安徽省统计局。因工作出色，1986 年安徽统计局认为史玉柱人才难得，将其列入干部第三梯队送至深圳大学软件科学管理系读研究生，毕业回来即是处级干部。一般人皆认为史玉柱官运亨通，前程似锦，但到深圳后开阔了眼界的史玉柱，在深圳大学研究生毕业后所做的第一件事竟是辞职。为此遭到了领导、亲人的一致反对。但史玉柱义无反顾，抱着"下海失败，我就跳海"的决心，很快带着其在读研究生时开发的 M-6401 桌面文字处理系统返回深圳。

重返深圳的史玉柱一贫如洗，只能借宿于深圳大学学生宿舍，买不起电脑编写程序，便采用"瞒天过海"的手法冒充深圳大学学生混入学生计算机实验室，被管理人员发现驱逐后，史玉柱又通过熟人来到配置有电脑的学校办公室，别人下班他上班，天天苦干到凌晨，就这样开始了他的创业人生。虽然在创业过程中几经沉浮，但最终成为中国企业界屈指可数的"不死巨人"。如果没有当初的勇敢行动，或许中国就少一位值得许多创业者学习的创业英雄。

机会给予每个人都是均等的，当机会到来时，你如果抓住了，就可能成功；如果抓不住，就只能成为遗憾了。成功者和失败者的差别在于：成功者敢于去做失败者想做而不敢去做的事情，敢去做失败者不愿做的事情。

与其不尝试而失败，不如尝试了再失败。不战而败如同运动员在竞赛时弃权，是一种极端怯懦的行为。拿破仑说，想得好是聪明，计划得好更聪明，做得好是最聪明又最好。当你有了人生的梦想之后，就应该马上为之努力。耕耘贵在脚踏实地，而非幻想着一步登天。一万个叹息抵不上一个真正的开始。凡事行动就是成功了一半，不怕开始做得晚，就怕永远不开始去做。

刚刚三十而立的马云在当时已经是杭州十大杰出青年教师。校长为了留住他这个人才，还特地许诺他学校驻外办事处主任的位置。但是，有着更加长远目标的马云毅然挥挥手，放弃了在学校的一切地位、身份和待遇，毅然下海。

1995 年初，马云得到了一次去美国的机会，并且第一次知道了互联网这个新鲜事物。此时，互联网对于绝大部分中国人还是非常陌生的东西。即使在全球范围内，互联网也刚刚开始发展。大洋彼岸，尼葛洛庞帝刚刚写就《数字化生存》、杨致远创建雅虎还不到一年。

在这样的情形下，远在尚未开通拨号上网业务的杭州，马云就已经梦想着要用互联网来开公司、下海、盈利。

马云马上召集来 24 位朋友，都是他教书时结识的外贸人士，马云想听听这些做外贸的人对互联网的商务需求。

马云曾回忆说：“我请了 24 个朋友来我家商量。我整整讲了两个小时，他们听得稀里糊涂，我也讲得糊里糊涂。最后说到底怎么样？其中 23 个人说算了吧，只有一个人说你可以试试看，不行赶紧逃回来。我想了一个晚上，第二天早上决定还是干，哪怕 24 个人全反对我也要干。”

1995 年 4 月，马云和妻子再加上一个朋友，凑了两万块钱，中国第一家专门给企业做主页的杭州海博电脑服务有限公司就这样开张了，网站取名“中国黄页”，成为中国最早的互联网公司之一。

1995 年 5 月 9 日，中国黄页上线，马云从身边的朋友开始找生意。他的生意经是：先向朋友描述互联网怎么怎么好，然后要他们的资料，通过 EMS 寄到美国，美国的生意伙伴将主页做好，打印出来，再快递寄回杭州。马云将网页的打印稿拿给朋友看，并告诉朋友在互联网上能看到。此时，离中国能上网还有 3 个月。

因为无法实际地在网络中看到，有些朋友怀疑马云在编故事。马云说："你可以给法国的朋友打电话，给德国的朋友打电话，或者给美国的朋友打电话，电话费我出，如果他说没有，那就算了；如果他说有，你要付我们一点点钱。"

3个月后，临近杭州的上海正式开通互联网，马云的业务量激增。在各企业纷纷忙着建立自己主页的时候，马云的先见之明为他带来了丰厚的利润。

马云曾经多次在公开场合说过："作为一名创业者，首先要给自己一个梦想，现在很多优秀的年轻人是晚上想想千条路，早上起来走原路。如果你不采取行动，不给自己梦想一个实践的机会，你永远没有机会。有了理想以后要给自己一个承诺，承诺自己要把这件事情做出来。创业者没有条件的时候只要你有梦想，只要你有良好的团队，只要你能坚定地执行，你就一定能走到大洋的彼岸。"

马云现在让我们看到的都是他在互联网创造的辉煌和光环，如果多年前他只安分地做着外语教师，他也就没有创造互联网神话的机会。

比尔·盖茨认为："要想成功，就要知道成功的人都采取什么样的行动。"在创业的路上，不是所有的人都有马云那样的机遇和运气。但是，人生最重要的是你开始了从没有经历过的生活和环境，你的一切都在改变。这种改变让你的人生和生命更有价值。创业之门随时为你敞开，走出第一步的时候，你和马云在一条路上。不同之处在于他已经跑出很远，而你刚刚起步。

行动是成功的阶梯，行动越多，登得越高。高峰只对攀登它而不是仰望它的人来说才有真正意义。因此，一定不要为自己的退缩和畏惧找借口。无论多么困难，只要你尝试去做，也比不去做而推辞要强。

随着社会整体教育水平的不断提高，社会群体的平均智商整体也有所提高，所以，智商已经不是决定成败的关键因素。在一个充满竞争、挑战、机遇和奇迹的现代社会，不要总是怨天尤人，而是要大胆地去想，最重要的是大胆地走出第一步。当你踏出那足以桎梏你一生命运的第一步时，你就会发现真正的困难就是超越自我。人生不是用幻想来书写的，而是要用自己看似平凡的行动来书写。因此，需要你的梦想和行动——让你足以创造出一个奇迹的动力，只有不断地行动才能帮你成功。

目标，是实现梦想的开始

　　人的一生不能没有一个明确的目标和方向。目标与方向主导了我们一生的命运与成就，它是驱使人生不断向前迈进的原动力。若一个人心中没有一个明确的目标，就会虚耗精力与生命，就如一个没有方向盘的超级跑车。即使拥有最强有力的引擎，最终仍是无法展现它风一般的速度，发挥不了任何作用。

　　再厉害的神枪手，如果没有目标，他也是无所适从；再伟大的超强球队，如果失去了夺冠的目标，他们必将失去斗志；再先进的企业，如果缺乏发展的战略方向和目标，他们也将会被市场和时代所淘汰。所以，目标是实现梦想的开始，是个人，也是企业和公司发展的必要前提，要想成为一个各方面都优秀的人，需要我们提高各项素质。素质来源很重要的一项就是要不断地学习和培训，掌握更多的技巧，更多地了解人生规划和目标等。

　　人生就是一个竞技场，只有努力争取，才能活得潇洒，而竞技就要有目标，没有目标的竞争就失去了动力，一定会以失败告终。

　　一个人或一个企业要达到期盼的目标，必须做到以下几点：

1. 必须是自己衷心企盼想要达到的目标

个人或企业发自内心深处的渴望，才能集中注意力，心甘情愿、全神贯注地追求目标。例如一个仪器公司要用三年的时间，把其办成一个优秀企业，使综合竞争力、人均效率、员工素质和经营指标达到机械行业的优秀标准，更好地围绕市场做工作，更好地服务于市场，服务于用户。

2. 必须具有可操作性

我们可以尽自己所能去实现梦想，也许目标非常远大，但只要是可达成的目标，一定可以分成远期、中期、近期来逐一完成。再以终极目标为引导，做一个详细的计划，让每一个小计划的成功来堆砌大计划的成功，由近而远，由小而大，必能实现目标。一个企业要发展必须有自己的短期目标和长期目标，并且要为了这些目标而不断充实企业的企业文化、管理策略、管理制度、人员培训、人员管理和考核等，这是非常重要的；加强中层干部的执行力，通过培训、学习等方式，提高他们的管理水平和决策能力，加强对他们的综合素质和各项技巧的培训，真正为实现公司的长远目标而努力奋斗。

3. 目标要有一个期限

没有时间的制约，任何规定都无法顺利执行。故应在一定的时间范围内实现自我，既能体现效率，也能实现目标。然而实现自我的过程正是每一个计划配合一定时段的完成，不断地重复便会成功。所以在任何设立的目标中，应订下确切的完成日期，否则将会使目标不断拖延，而后和下个目标重叠，永无完成之日。

4. 实践时必须要经常做好转化工作

一旦我们设定了目标，从每年、每月、每日的计划中，应该都是可以逐一做到的，但却不可避免的。常会有突发的因素，不可预期地破坏了原先的计划，此时应将负面的情绪或影响尽量转化成我们所需要的。有句话说："有人因为悲伤而哭泣，同时也有人因为哭泣而悲伤。"一样的道理，我们可以说："有人因为快乐而欢笑，同时也有人因欢笑而快乐。"谁都知道一件事可以有多种看法，但很少人能做到。不管发生什么事情，这事情一定有对我们有益处。如果能做到这一点，这个人能成为一个成功者，成功者所在的企业也将成为优秀的企业。

5. 目标达成时，应适度奖赏自己或企业

平常当我们想买一件昂贵的东西或放松一下想去休闲旅游时，为什么不在这之前先设定一个目标，若完成了就可以如愿以偿畅快享受。因为若时常这样想，会在自己的观念中产生一种有努力便有享受的努力诱因。相反，平时就毫无节制地想怎么样就怎么样，就会缺乏这种成就目的的感受。

目标设定是人生目标被实现的第一步，勇敢地踏出这一步，并且毫不怀疑，设定目标就是迈向成功。在我们人生的每一阶段，让我们都有明确的目标，这样我们才能由弱变强，由小变大，由平凡变优秀。

坚持是获得成功的捷径

"水滴石穿，绳锯木断"，只有坚持不懈地向着一个目标努力，才能够最终取得辉煌的成绩。

历史上专心、专一做事的案例可谓数不胜数。所谓"专一"，即专注，就是集中精力、全神贯注、专心致志。可以说，人们熟悉这个词就像熟悉自己的名字一样。然而，熟悉并不等于理解。从更深刻的含义上讲，专注乃是一种精神、一种境界。"把每一件事做到最好""咬定青山不放松，不达目的不罢休"，就是这种精神和境界的反映。一个专注的人，往往能够把自己的时间、精力和智慧凝聚到所要干的事情上，从而最大限度地发挥积极性、主动性和创造性，努力实现自己的目标。特别是在遭受挫折、遇到诱惑的时候，他们能够不为所动、勇往直前，直到最后成功。与此相反，一个人如果心浮气躁，朝三暮四，就不可能集中自己的时间、精力和智慧，干什么事情都只能是虎头蛇尾、半途而废。缺乏专注的精神，即使立下凌云壮志，也绝不会有半点收获。

人生短暂，要做的事情有很多，所以，只有专一才能做好。无论做什么事情，只有坚持一个目标，做出成绩；反之，则有可能一事无成。

我们小时候都读过这样一个故事：小猫和猫妈妈一起去钓鱼。小猫看见蝴蝶飞来了，它就去抓蝴蝶，见蜻蜓飞来了，它就去抓蜻蜓。结果，什么都没有抓到，鱼也没有钓到。

猫妈妈就说："做事情就要一心一意地做。你一会儿抓蝴蝶，一会儿抓蜻蜓，精力就无法集中到抓鱼上面来，怎么能抓到鱼呢？"小猫听了妈妈的话，就专心钓起鱼来。一会儿，蝴蝶飞来了，蜻蜓飞来了，但小猫学着猫妈妈的样子专心钓鱼，再也不分心了。很快，小猫就钓到了一条大鱼。

在现实生活中，失败的例子要远远多于成功的例子，很多人失败就是因为没有瞄准一个点、持之以恒地做下去。而那些成功者则往往是集中力量瞄准一点，并坚持到了最后，才获得成功。这个点有时是一个稍纵即逝的机遇，有时是从脑中一闪而过的灵感，有时则是恶劣环境中长期形成的生活积累。只要能瞄准一个点就能敲开成功的大门，哪怕力量微小，只要坚持，就一定能够到达胜利的彼岸。下面这个故事，希望能对大家有所启示。

有一天，一个老太太在报上看到一条消息：园艺所重金悬赏纯白金盏花。老人想，金盏花除了金黄色，就是棕色，白色简直不可思议，不过，我为什么不试试呢？她对8个儿女讲了她的想法，但遭到了他们的一致反对。大家说："你根本不懂种子遗传学，专家不能完成的事，你这么大的年纪了，怎么可能？"老太太决心一个人干下去。她撒下了金盏花的种子，精心侍弄。金盏花开了，全是金黄色的，老太太挑选了一朵颜色比较淡的花，任其自然生长，以取得最好的种子。第二年她又把它们栽种下去，然后再从花朵中挑选颜色浅淡的种子栽种……一年又一年，春种秋收，循环往复，老太太从不沮丧怀疑，一直坚持。一晃二十年过去了。

有一天早晨，她来到花园，看到一朵金盏花开得特别灿烂。它不是近于白色，也不是像白色，而是如银似雪的纯白。她包好这纯白金盏花的种子，寄给了那家二十年前悬赏的机构，她甚至不知道那则启事还是否有效。等待的时间长达一年，因为人们要用那些种子验证。终于，园艺所所长打电话给老太太说："我们看到了你种的花，它的确是雪白的。但因为年代久远，资金不能兑现，你还有什么要求吗？"老太太对着听筒小声说："只想问一问，你们可还要黑色的金盏花？我能种出来……"

这就是坚持的力量！

无数的例子都向我们证明："专一"是成功道路上最重要的品质，也是最重要的起点。"专心"的人方可"致志"地工作。真正的成功者，他一生也就做好了一两件事而已。他们从小就立志为做好某一件事而努力，并且花费毕生精力努力经营它。学会了、做熟了，有了一门专长，就能凭一技之长从事某种特定职业，为大众服务。如果把这份职业上的事坚持做下去，做专了、精通了，就是这个行业的专家；再坚持把这个行业的事做久了、做强了、做大了，对社会有独特的贡献，就把自己所从事的职业当作事业去做。

所以，一个人一旦选定了自己的目标，就不要轻易做出改变，坚持数十年乃至一生，不懈努力，必有大成。当然，期间要忍受不同寻常的困难和磨炼，但是这也是通向成功必不可少的一环，是检验一个人品质的最好试金石。

失败是通向成功的跳板

　　　　成功是建立在失败的基础之上，只要吸取失败的经验和教训，便多了一分成功的经验。

　　一个人要想成功，就要经得起失败。一个不能认识和接受失败的人，无法看清楚成功的本质。从失败的教训中学到东西，往往比从成功中学到的还要深刻。正如日本著名的实业家原安三朗说的那样："年轻时赚一百万元的经验，并不能成为将来赚十亿元的经验，但损失一百万元的经验，倒可以培养赚十亿元的经验。逆境是锻炼人才最好的机会。"

　　成功，总是在历经多次失败后才姗姗来迟。正确面对失败，的确是走向成功的重要素质和能力。失败是一种学习经历，你可让它变成墓碑，也可以让它变成垫脚石。事实上，只有越挫越勇、屡败屡战的人才是真的英雄，才能真正享受成功的喜悦。

　　20 世纪 60 年代初期，美国人玛丽·凯经过一番思考，把一辈子积蓄下来的 5000 美元作为全部资本，创办了玛丽·凯化妆品公司。在创建公司后的第一次展销会上，玛丽隆重推出了一系列功效奇特的护肤品，按照原来的想法，这次活动会引起轰动，一举成功。可是"人算不如天算"，整个展销会下来，她的公司只卖出去 1.5 美元的护肤品。

　　意想不到的残酷失败，使玛丽·凯控制不住失声痛哭。经过认真分析，玛丽擦干眼泪，从第一次失败中站了起来，在重视生产管理的同时，加强了销售队伍的建设。经过二十年的苦心经营，玛丽·凯化妆品公司由初创时的雇员 9 人发展到现在的 5 千多人；由一个家庭公司发展成一个国际性的公司，年销售额超过 3 亿美元。玛丽·凯终于实现了自己的梦想。坚持不懈的努力，没有放弃，才度过了黎明前最黑暗的时刻，迎来了胜利的曙光。

世界上大多数人都喜欢成功，成功的喜悦当然是人们向往的，不然大家为什么要去争取呢？可是，我们应该清醒地认识到：成功固然兴奋，可失败又何尝不美丽？又有哪个人没有经历过失败？

每个成功者背后都有无数次的失败，无数次的失败都是在泪水的陪伴下收场，它一次又一次地刺痛着创业者的心。可是，尽管如此，也无法阻挡他们前进的步伐，仅仅把失败当成一种磨炼和提高。

没错，所有成功者在经历失败的痛苦后，都更加渴望成功的辉煌。当我们握住胜利女神伸过来的手时，每个人都觉得自己是最棒的，无论以前受过多大的委屈，遭受过多大的打击。此时都显得微不足道。因为，从失败中获取经验，争取下一次的成功才是人生应该选择的。只要你相信总有一天，你会取得成功！

也许有人会问："胜与败到底有何意义？为何人们总要去争取胜利呢？"成功与失败只有一步之遥，但胜者不一定都是强者，同样失败的也不一定都是弱者。就在揭晓答案的那一刹那，不管是成功还是失败，你都会收获很多。从结果中领悟自己为何会输，为何会败。只有争取下一次的胜利，而绝不是在失败的阴影中虚度光阴。成败似乎并没有什么意义，它只是一个象征，然而它真正的意义在于过程。

不要担心失败，要相信，只有今天的不断努力，才有明天的辉煌。因此不要放弃，向着自己的目标，和失败交手后，你才能看到胜利女神的微笑。

把失败看成平常的人生经历，既能保持心态的放松，更能从容面对生活中的种种困难，向着自己心中的目标前进，不受心情和外界的干扰。失败只代表当时的状态，不是一成不变的，所以不要害怕，正确认识它，自己的未来发展才能大有裨益。

专注是成功路上的重要基石

好高骛远、注意力分散是成功的大忌！专注于自己的领域，才是成功的保证。无数成功者的经历表明，成功必须锐意拼搏。只有勤于拼搏，扬起生命之帆，才能到达成功的彼岸。

你专心吗？你执着吗？你是否觉得自己像下述事例中的兔子一样茫然无措？

有一只兔子，身材修长，天生就很会跳跃，所以它一直有着"跳远第一名"的美誉，为此，它感到无比自豪和光荣。一天，森林里的国王宣布，要举办运动大会，以提倡全民运动。于是，兔子就报名参加跳远项目。果然兔子又击败了鸡、鸭、鹅、小狗、小猪……夺得了跳远比赛的冠军。

后来，有一只小狗告诉兔子："兔子啊，其实你的天分资质很好，体力也很棒，你只得到跳远一项金牌实在很可惜。我觉得，只要你好好努力练习，你还可以得到更多比赛的金牌啊！"

"真的啊？你觉得我真的可以吗？"兔子似乎受宠若惊。

"没错啊，只要你好好跟我学，我可以教你跑百米、游泳、举重、跳高、推铅球、马拉松……你一定没问题啊！"小狗说。

小狗对兔子是百般吹捧，于是兔子开始每天练习百米跑，早晚也跳下水游泳，游累了，又上岸开始练举重。隔天，跑完百米，赶快再练跳高，甚至撑着竿子不断往前冲，也想在撑竿跳比赛中夺魁。接着，又推铅球、跑马拉松……

第二届运动大会又来了，兔子报了很多项目，可是它跑百米、游泳、举重、跳高、推铅球、马拉松……没有一项入围，就连以前最拿手的跳远，成绩也退步了，在初赛就被淘汰了。

有些人拥有很强的企图心和欲望，以为自己无所不能，所以想在各个方面都出人头地，成为人人羡慕的名人。于是，他们就像兔子一样，在别人的怂恿之下，信心十足，觉得自己没问题，既可以当演员，又可以做作家；既可以是演说家，又能是主持人；既可以参选民意代表，又能参与公益活动，更能投资开公司、当老板……最后的结果往往是得不偿失，落得竹篮打水一场空。因此，请记住——专注，才是成功的秘诀！

其实，兔子能够获得跳远第一名的成绩，就是因为它专注于跳远这一领域，并在此领域拥有着别人无法匹敌的优势。既然如此，兔子又何必还要去跑百米、游泳、跳高、举重、推铅球、跑马拉松等这些它并不占优势的项目呢，是贪心让它一事无成。

有一个年轻人，到少林寺向师父拜师学艺，准备练好武功之后，替父亲报仇，因为他的父亲无端地被盗匪杀死了。年轻人问道："请问师父，我要练多久，才能出师？"

"大概五年吧！"师父说。

"啊，这么久啊？"年轻人急切地问，"假如我比其他弟子加倍地努力，是不是可以提早学成武功呢？"

"这样子的话你大概需要十年！"师父说。

"什么？十年？那如果我再加倍地努力学习呢？"

"二十年吧！"师父淡淡地回答。

这时，年轻人愈听愈糊涂，说："师父啊，怎么我越是加倍地练习，学成武功的时间就越加长呢？"

"因为，当你的一只眼睛一直盯着看结果时，你就只剩下一只眼睛可以专注于练习了！"师父说。

的确，人必须两只眼睛都专注地、心无旁骛地放在过程上，而不是结果上！而且，人必须了解自己"有什么"，"没有什么"，"懂什么"，"不懂什么"。

毕竟，一个人不可能精通所有事物，因为"样样通、样样松"啊！所以，只要我们双眼专注于自己"懂什么"的专长时，就会像原来的兔子一样，拥有获得跳远金牌的自豪和喜悦。

每个人都有自己的生活方式和生存方法，有自己不同于其他人的人生目标，所以成功的含义也就各不相同。但这些不同之中，又有一点是相同的，那就是，每个成功的人都与成功有一个约定，并通过自己艰苦奋斗、百折不挠的进取心奔向成功。

一个人在认定目标后，要紧紧盯住目标，并自信自强，勇敢追求。有信心，才可以让你产生精神力量，克服成功道路上的各种障碍，向既定的目标前进，才会与成功相约。

在奔向成功的道路上，要有充分的准备。艰苦奋斗，百折不挠，是每位想成功的人士都应具备的品质。

人生前进的道路不可能一帆风顺，如果你想不付出劳动，不花费半点力气就获得成功，那根本就是不可能的。

如果你是一个与成功有约的人，如果你想把理想变为现实，那么你就必须兢兢业业、脚踏实地、坚持不懈地努力。只有艰苦奋斗才是事业成功的根本途径。

"理想和信念并非是生活之中的点缀品，若不付出努力，再好的理想、信念也只能是水中月。"这是一位不停努力奋斗的成功者的经验之谈。

人生不是坦途，而是充满了挫折和失败的旅途。假如没有了失败，人类也许就不会有进步，不会前进。有人曾问美国杰出的发明家爱迪生："您在制造蓄电池时，失败了那么多次，为什么还要试验？"

爱迪生回答道："我可没有失败，我现在已经知道了5万种行不通的办法。"爱迪生笑对成功与失败的心胸及其奋斗的精神，是值得我们认真学习的！

人生好比旅行，辛劳和苦难就是我们必须付出的旅费，任何成功都需要付出相应的汗水。

一个人要想领略美好的人生，就要登上事业之巅。而在这攀登的过程之中，需要有一种优秀的品质作保障：顽强、执着和勇猛向前的意志。每个不停进取的人都知道，进取有助于发掘人的内在潜力，激发人的内在活力，从而促使人不断地追求成功，使人不困于世俗，不畏权势，不怕险阻，浑身都有使不完的劲，从而不停地前进。

谁都希望成功，但成功是需要艰苦奋斗才能够得到的，纵观古今中外，没有一个成功者不是遵照此条原则而获取成功的。当然不同的时代，艰苦奋斗的含义也有所不同。

"书读百遍，其义自见""头悬梁，锥刺股"，这些都是对待事情的一种专注态度：读书的人当中，天生聪明的毕竟不多，要想达到过目不忘的效果，只要专心致志地多读几遍，自然而然就会烂熟于胸，然后就是不经意间加入自己的想法和建议，从而小有成就，继而文采飞扬，自成一方。在市场经济的竞争之中，成功人士不但要不屈不挠地苦干，还要承担起一定的风险。

工作条件越苦，风险越大，你的收获才可能越大，成功的概率也就越大。你如果想了解艰苦奋斗与成功的真谛，就要提高自己的能力素质，不停地学习新东西，不断奋斗，进取不止，那么你就会看到成功在向你招手。

如果你不曾专注于目标，那也不算晚，从现在开始，做一个专注的人，向着成功坚定地迈进。

专注才会产生巨大的能量

要想成功，就要做一个放大镜，将阳光聚集到一点，切不可做一个凹透镜，使自己的目标分散。

大家都知道这样一个常识：用放大镜将阳光聚集到一点可以将纸张点燃。但是，如果用平面镜或者凹透镜却无论如何也不能把哪怕是最易燃的东西点燃。

同样的光通过凹透镜无所作为，凸透镜却能点燃熊熊大火，为什么？秘密只在散与聚之间。平面镜和凹透镜只是将光线透过去，甚至是发散开来；而凸透镜却是将阳光聚集到一点，这样就能将易燃物点燃。其实凸镜聚焦这一特性早已被各行各业应用着。

只有将能量聚积到一起，才能产生巨大的力量。一位著名的将军曾经说过："我们发现，在很多重要的战役中，成败的关键在于：一方是全身心地投入而另一方却不够专心致志。"科尔先生以自己的亲身经历验证了这句话的正确性。

科尔非常喜欢小鸟，在他眼里，小鸟就是自己最亲密的朋友。几年前，科尔搬进了一处新居，附近草木葱茏，有很多可爱的鸟儿。科尔搬来以后，就和鸟儿交上了朋友。他在后院装了个喂鸟器，用来喂养自己心爱的鸟儿。

不过让科尔生气的是，有一群松鼠总是来和鸟儿争食。这些讨厌的松鼠弄倒喂鸟器，吃掉里面的食物，把小鸟吓得四散而去，这使得科尔很是郁闷。科尔绞尽脑汁想出各种办法让松鼠远离喂鸟器，就差没有拿起自己的猎枪枪击它们了。实在没有办法，科尔来到当地一家五金店，在那儿他找到了一种与众不同的喂鸟器，带有铁丝网，还有个让人动心的名字叫"防松鼠喂鸟器"。科尔很高兴，这下子问题就解决了，可保万无一失。他买下它并将其安装在后院。但天黑之后，松鼠又大摇大摆地光顾了"防松鼠喂鸟器"，照样把鸟儿吓跑了。

这回科尔生气了，他拆下喂鸟器，回到五金店，颇为气愤地要求退货。五金店的经理回答说："别着急，我会给你退货的，不过你要理解：这个世上可没有什么真正的防松鼠喂鸟器。"科尔惊奇地问："你想告诉我——我们可以把人送到太空基地，可以在几秒钟之内把信息传到全球任何一个地方，但我们最尖端的科学家和工程师却不能设计和制造出一个真正有效的喂鸟器，可以把那种脑子只有豌豆大的啮齿类小动物阻挡在外？你是想告诉我这个吗？"

"是啊，"经理说，"先生，要解释清楚，我得问你两个问题。首先，你平均每天花多少时间，让松鼠远离你的喂鸟器？"

科尔想了一下，回答说："我不清楚，大概每天 10 到 15 分钟吧。""和我猜的差不多。"那位经理说，"现在，请回答我第二个问题：你猜那些松鼠每天花多少时间来试图闯入你的喂鸟器呢？"科尔马上会意："在松鼠醒着的每时每刻。"

原来松鼠不睡觉的时候，70% 的时间都用于寻找食物。在专一的用心面前，智慧的大脑、优势的体格也会节节败退！

要做到更好，并不一定需要多么高明的手段，所需要的只是为了目标心无旁骛、投入所有的时间、发挥所有的才干。如果你比对手更专注，你就能将他们抛在身后。

对自己擅长的事情锲而不舍、全身心地投入进去，像放大镜一样，将所有的能量集中到一点，是一件非常重要的事。

为什么要将力量聚集到一点呢？做好一件事，比做好多件事更加容易，也更可能成功。人的精力毕竟是有限的，如果将自己的精力分散开来，就会使成功的概率大大降低。

日本有一家只有 7 个人的企业，其产品是在某些人眼里不值得一提的哨子。可你千万别小看这小玩意儿，它们一年创造的利润竟然是 7000 万元。

究其原因，就是这家企业能够将自己的能量聚集在一点——只生产哨子。为了能够生产出更好的哨子，他们集中了 300 多名专家专门研究哨子。他们想要把自己的哨子做到最好，做到最为完美。所以，他们生产的哨子最贵能够卖到 2 万美元一个。专心生产小小的哨子，心无旁骛，使他们的哨子获得了很高的声誉。在世界杯足球赛上，所有裁判用的哨子都是他们生产的。更令人称奇的是，他们的哨子种类达上千种，甚至有给美国警察生产的专用哨子。可以说，哨子这种产品让他们给做绝了，也给他们带来了巨大的利益。

将能量聚集到一个地方，能够产生出巨大的能量，能够获得巨大的成功。因此，一个专一的普通人比一个精力分散的聪明人更容易成功。有时候，一个人自诩拥有多种技能，但由于只是蜻蜓点水、钻研不透，反而不如拥有一项专长的人受青睐。如果你专一于某件事情，尽力把它做到无可挑剔，那你可能比技能虽多但无专长的人更容易获得成功。

专注做好一件事，没有什么是干不成的。也就是说，每次只专一于一个目标直至成功，就会有很多的收获。

中国现代的许多画家专一的特点就非常明显：齐白石专注于画虾，画出的虾栩栩如生；黄胄专注于画驴，画出的驴活灵活现；徐悲鸿专注于画马，画出的马呼之欲出；李苦禅专注于画鹰，画出的鹰形神兼备。可以看出，所有成大事的人物，都把某一个明确的目标当成他们努力奋斗的主要推动力。

大家对麦当劳应当都不陌生。现在的小孩子往往早上一睁开眼睛就要让家人带他吃麦当劳，由此可见麦当劳在人们心中的影响力。但大家是否知道，麦当劳之所以有今天的成绩，其原因在于：它能够坚持将自己的能量聚积到一点，终于在快餐这块领域里燃起了熊熊大火。

麦当劳在创业之初，也只不过是一个不起眼的小店而已。它能够有今天的规模，其创始人克洛克功不可没。他以非凡的管理才能把麦当劳兄弟经营的小餐馆变成了世界快餐的一大品牌，自己也因此成为美国非常有影响力的企业家之一。

其实，当年从麦当劳兄弟手里买下特许经营权的除了克洛克之外，还有一个荷兰人。但两人走的是完全不同的经营之路，也就有了不同的结局。在外人看来，克洛克看起来有点死脑筋，他只开麦当劳店，加工牛肉、养牛的钱都任由别人赚去了。而那个荷兰人则显得比较聪明，他不仅开麦当劳店，而且所有赚钱机会都不放过。他看到加工牛肉有很大的利润，便投资开办了牛肉加工厂，使加工牛肉的钱也流入了自己的腰包。加工牛肉需要购买肉牛，他想自己干吗买别人的牛，让别人嫌走养牛的钱呢？于是又办了一个养牛场。

最后，克洛克把麦当劳开遍全世界，而那个荷兰人呢？人们找啊找，终于在荷兰的一个农场里找到了他，他什么也没有，就养了200头牛。

一个当初什么钱都想赚的人，最后什么都没赚着；而那个当初看起来很傻的人，却成就了世界快餐著名品牌。这就是将能量聚积到一点所产生出的巨大力量。

通往成功的路上忍耐是一种美德

在社会上行走，"忍"字很重要，因为一个人不可能在任何时间、任何场合都事事如意，有些事情怎么也无法解决，有些事情可能没法很快解决，所以你只能忍耐！

有一位老农，肩上负着拾来的柴火，沉重的负担压弯了他的腰。离家还有很远，他拖着疲惫的脚步，一瘸一拐地踩在这段满是泥泞的路上。他再也没办法承受这么重的负担了，于是便把柴火卸在路边，并开始抱怨命运坎坷。"从我在这个悲惨的世界出生以来，我享受过什么样的好处？从黎明到黄昏，总是不断地工作，没有休闲。啊！死神呀！请把我带走，让我脱离困境吧！"立刻，幻影般的地狱国王出现在他的面前。"你想要我做些什么？"死神以空洞的声音问他。"没……没什么，"害怕的农夫口吃地说道，"只希望你帮忙把我刚才掉落的柴火再放到我的肩上。"

我们当然不能像那个老农一样整天的怨天尤人，但起码可以用自己的方式来对待事业和生活。事实上，对待命运有两条道路：一是退却，对奋斗目标用心不专、左右摇摆，对工作总是寻找遁词、懈怠逃避，那注定是失败；二是勇敢地面对，用坚定和执着，竭尽全力地达成自己的目标，然后才是成功。

因此，成功需要坚定的耐力，需要执着，需要竭尽全力地去冲刺。缺乏毅力的人总是不能全神贯注地做一件事情，不能"耐"而不能"静"，永远在患得患失中过日子，根本无法树立什么宏远的志向。只有有耐心的人，才有可能在千头万绪中理出头绪和思路，进而踏踏实实地干一番事业。

清朝一代名臣曾国藩认为，没有耐心是致命的弱点，它危害人的心智，废弃人的学问，使人没有真知灼见，就像乌喙这种毒草会杀人一样。而如果我们把所从事的工作当作不可回避的事情认真对待，就会带着轻松愉快的心情，迅速将它完成。

我们有理由相信，即使是一个才华一般的人，只要他在某一特定的时间内，全身心地投入、不屈不挠地完成某一项工作，就一定会取得成功。成功来自一般的工作方法和特别的勤奋用功。成功就是在一定时期不遗余力地做一件事，道理就是如此简单。

在一个公司的年会庆典中，有一个环节是感动人物评选。在这些人物中，有服务于公司十五年之久的人物，伴随着公司的起起伏伏，有泪水，有欢笑；有服务于公司十年之久的人物，因为相信，因为坚持，在公司发展壮大的同时，个人得到了发展；更多的是服务于公司七八年的人物，他们忍耐了更多的诱惑，忍耐了业绩不佳时的痛苦，今天他们终于迎来了属于自己的春天……再看看公司副总裁级别的人物，大多在公司工作了七八年以上的时间，这些都说明了什么？说明成功需要忍耐力。

如果他们不能忍耐，在遇到困难时就退缩，在遇到诱惑时就离开，那么就不会有他们今天的成功。让我们再看看那些在国际上的知名人士，他们哪个不是在经历了长时间的拼搏后才收获的？年轻的我们每天都在憧憬，憧憬我们拥有令人尊敬的社会地位；憧憬我们拥有至高无上的权力；憧憬我们拥有令人羡慕的财富。然而，我们恰恰忽视了一点：那就是我们到底忍耐了多久，坚持了多久？

其实，我们经常是这样的状况，当我们感觉自己没有被重用的时候，我们不会主动分析，我们到底差在哪里，我们为什么没有得到领导的信任，为什么没有被重用？当我们感觉工作烦累、单调、枯燥时，我们不能改变心态，挖掘工作中的乐趣，找寻工作中的快乐。当我们和领导、同事发生不愉快的事情时，我们总是在说，对方做错了什么，他怎样怎样，从来不能看到，在这场不愉快中我们到底扮演了怎样的角色……当众多的不愉快发生时，我们的选择是离开。轻言离开，让我们失去了太多的机会，所以我们一直在同样的位置上跳来跳去，无所收获，而我们还总在抱怨自己是如何生不逢时，是如何走背运，是如何怀才不遇……

不是所有的成功者都是一帆风顺，恰恰相反，大多数人曾经都走过太多的弯路，经历了风雨拼搏后，发现自己身上依然还拥有一些良好的品质，并且庆幸自己一直在坚持着。如果可以继续坚持下去，一定可以走向成功，过上自己想要的生活。所以，暂时的困难不能阻挡我们前进的步伐，学会坚持，学会忍耐，真正实现我们的人生价值。

平庸与杰出的差别在坚持

一个人做一点事并不难，难的是能够持之以恒地做下去，直到最后成功。

许多人都有成就一番伟业的愿望，这与其出身无关，哪怕是一个毫不起眼的人，也有成为参天大树的愿望。希望接触更多的阳光，并为之而努力奋斗，可成功者却屈指可数。究其原因，避开先天才智等条件不谈，很多人之所以不能成功，就在于他们不能持之以恒。

有许多人在做某件事情的时候，起初都能够事必躬亲，而且热情度很高。但是，随着时间的推移，难度的增加以及精力的耗费，大多数人便从思想上开始产生松劲和畏难情绪，接着便停滞不前以至退避三舍，最后则彻底放弃了。

人之所以在做某件事情时常常会浅尝辄止、半途而废，主要原因是人天生的惰性，这是与生俱来的一种缺陷。当他在前进的道路上遇到障碍和挫折时，便会灰心丧气而导致畏缩不前。这就像走路一样，谁都想走下坡路——省力又省心，于是人总是不由自主地选择下坡路。这就给人一种见了困难就发怵、心虚的原因。

前面我们说过，由于人都有一种与生俱来的惰性，所以面对干一件重大的事情，有惰性是很难能达到目标的。许多人之所以没有收获，主要原因就是在最需要下大力气，花大工夫的时候，他没有坚持下去，成功因此而与他无缘了。

平庸和杰出，其不同之处就是看能不能坚持。坚持下去就是胜利，半途而废则前功尽弃。1986 年美国职业篮球联赛开始之初，洛杉矶湖人队面临重大的挑战。在上一年湖人队有很好的机会赢得总冠军宝座，因为当时所有的球员都处于巅峰，可是决赛时却输给了波士顿的凯尔特人队，这使得教练派特·雷利和所有的球员都极为沮丧。

派特为了使球员们相信自己有能力登上总冠军宝座。便告诉大家：只要能在球技上进步 1%，这个赛季便会有出人意料的好成绩。

1% 的成绩似乎是微不足道的。可是，如果 12 个球员都进步 1%，整个球队便能比以前进步 12%，湖人队便足以赢得冠军宝座。结果，在后来的比赛中，大部分球员进步不止 5%，有的甚至高达 50% 以上，这一年理所当然成了湖人队夺冠最轻松的一年。

日本企业之所以在国际上有着较高的声誉，是因为他们追求卓越品质的决心起了相当大的作用。他们经常把一个词挂在嘴上，这个词就是"改善"，其中包含"没有止境"的意思，暗示自己的追求没有最好，只有更好。

事实上改善有个原则，就是循序渐进地改进，哪怕这种改进是多么微不足道，只要每天都有小小的进步，长久积累下来就会有惊人的成就。成功快乐的人生得益于不断成长、不断拓展的信念。

生活中有许多人做事最初都能保持旺盛的斗志，在这个阶段普通人与杰出的人是没有多少差别的。往往到最后那一刻，顽强者与懈怠者便各自显现出来了，前者咬牙坚持到胜利，后者则丧失信心放弃了努力，于是便得到了不同的结局。

要说成功有什么秘诀的话，那就是坚持，坚持，再坚持！许多失败者的悲剧，就在于被前进道路上的迷雾遮住了眼睛，他们不懂得忍耐一下，不懂得再跨前一步就会豁然开朗的道理，结果在胜利到来之前的那一刻，自己打败了自己，因而也失去了应有的荣誉。

无可否认，每件事情到了最后关头，都如同登珠穆朗玛峰，通常是异常艰险难走，然而正是由于充满了艰险，才使它后面的风光非同寻常，美丽无限，才使一个人的生命达到辉煌的境界。每一个想干一番事业的人，都不要放弃最后的努力，不要在成功到来之前丧失拼搏的勇气，相信胜利就在这片刻的忍耐之后，冲过这最后一道关口就会到达理想的境地。也许，即使在我们做出很大的努力之后，我们所渴望的成功仍然没有出现。但是，只要你真正努力了，拼搏了，你就不会一无所获。要知道，每一滴汗水都在表明你向着目标靠近时的付出！

开创了一番伟业的美国著名成人教育家戴尔·卡耐基原先是一个很普通的人，而且曾经很自卑，但他后来觉醒了，并依靠不懈的奋斗改变了自己的命运。

卡耐基小的时候，全家人过的日子相当贫困。并且童年的卡耐基深受母亲的影响。他母亲婚前曾当过教员，所以母亲鼓励他一定要上学读书，希望他将来也能成为一名教员。家境的贫穷促使少年时代的卡耐基以艰苦奋斗的精神去读书求学。1904 年，他高中毕业后考入了华伦斯堡的州立师范学院。每次放学回家，他都要帮助父母挤牛奶、伐木、喂猪。到了夜晚大多数人都进入了梦乡，他却在灯下刻苦读书。

为了求取必不可少的学费书费，他还经常给人家干活。但他不肯向现实屈服，总想寻求改变命运、出人头地的途径。

卡耐基发现学校里的同学中有两种人最受重视：一种是体育出色的人，如棒球队的球员；再一种就是口才出众的人，那些在辩论和演讲比赛中的获胜者。他知道自己的身体不够强壮，缺乏体育运动的天赋，就决心在口才演讲方面下功夫，争取在比赛中获胜。他花了几个月的时间苦练演讲，但在比赛中却一次又一次失败了。失望和灰心使他痛苦不堪，甚至使他想到自杀。然而他终究不肯认输，又继续努力，从第二年开始他获胜了。这个突破为卡耐基以后的志向和事业埋下了思想的种子。一个教导人们如何演讲与交际的大师，想当初却在演讲比赛中屡遭失败，这个巨大的反差对于我们深刻领会卡耐基课程的思想内涵具有很重要的启示。

　　毕业后卡耐基当过推销员，学过表演。推销工作使他赚到了钱，也锻炼了他的口才，但这种工作不是他的理想。他在大学里就梦想当一名作家、演说家，成就一番伟业。卡耐基认为只能赚钱谋生而不能实现理想的生活不是有意义的生活。于是，他决心白天读书写作，晚间去夜校。他很想教公众演讲课，因为他认识到口才与演讲对一个人走向成功极为重要，而他在这方面下过功夫，积累了许多丰富的经验，正是口才与演讲上的训练和经验，扫除了他以往的怯懦和自卑心理，使他有勇气和信心跟各种人打交道，增长了做人处世的才能。卡耐基要把他的亲身体会告诉给人们，他要从事口才、演讲与交际艺术的研究和教育。于是，他说服了纽约的一个基督教青年会的会长，同意借用给他一间房子在晚间为商业界人士开设一个实用演讲培训班。从此，卡耐基开始了为之呕心沥血、奋斗终生的成人教育事业。

　　这种成功的例子古今中外可谓不胜枚举，众多的成功者之所以获得成功，并不仅仅是依赖稍纵即逝的机会或好运气，更是得益于他们坚持不懈的努力和对成功不曾放弃的追求。有了这种优秀的品质，任何成功都不是遥不可及的。

第七章

你要相信知识可以改变命运

好学才能改变命运

善于用知识武装头脑，并转化为行动力的人，一定会成功。中国有句古话，叫作"书中自有黄金屋"。虽然时代背景发生了变化，但这句古话到现在也没有错：勤奋学习终究会有回报。

虽然现在的大学生就业前景十分广阔，但总体而言，很多的分析报告都明确提出这样一个观点：学历越高，收入越高。报告用许多的事实充分证明，个人的社会收入分配与其受教育的程度密切相关。一般来说，在学校受到的教育越多，有生之年的收入水平就越高。而这个收入并非指人们在学校时的收入或者首次工作的收入，而是一个人在其整个工作寿命之内的收入。美国的一系列研究成果显示，除了学校的教育质量、年龄和工作经验的差异等有可能影响收入的因素外，考试成绩对收入也有着非常明显的影响。也就是说，一个人的学习成绩是否优秀与日后的收入水平密切相关，也可以说与个人的生产能力密切相关。

美国一些研究者发现：在离校后参加工作的学生中，高中结业时数学成绩每增加一个标准偏差数，日后工作的年收入就会增加12%。相比之下，在美国，每增加一年的在校就读时间，收入平均增幅会达到7%~10%。可见受教育年限的长短也与收入水平相关。

2005年北京市统计局发布的调查数据显示：受教育程度和从业情况成

为影响居民收入的重要因素，最高文化群体与最低文化群体的收入差距达14517.5元。

通过对 2000 户城市居民家庭的调查表明，2004 年北京人均可支配收入为 15637.8 元，比 2003 年增长 12.6%。低收入家庭的收入继续改善，但其增长水平低于高收入家庭。2004 年，占 20% 的高收入组和 20% 的低收入组的人均可支配收入分别为 29634.6 元和 7400.9 元，收入比由上年的 3.4:1 扩大为 4:1。

调查显示，户主 (家庭经济的主要支撑者) 的学历与收入呈正比关系，并且呈现高度相关的态势。2004 年，收入最低的为未上过学的群体，他们的年人均可支配收入为 9049.8 元。收入最高的为研究生群体，年人均可支配收入为 23567.3 元。双方的收入差距拉大，收入比由上年的 2.1:1 上升到 2.6:1。

调查显示，2004 年，收入高的前三位依次为专业技术人员、机关党群企事业人员和办事管理人员，人均可支配收入分别为 18470.1 元、18404.1 元和 16747.0 元。收入较低的职业为生产运输人员、服务性人员和商业人员等，他们的人均收入低于全市平均水平。生产运输人员的人均可支配收入为 12255.7 元，仅为最高群体的 66.4%。另外，不同行业之间的收入差距也较大，2004 年金融业人员人均可支配收入为 20425.6 元，为采矿业者收入的 2.3 倍。

经济不景气，失业率居高不下。对那些失业的大学生、白领而言，身有一技之长倒还可以豪言壮语一番，正所谓：人生所至，到处有青山。而对于那些读书少又失业的人而言，只有"少壮不努力，老大徒伤悲"了。

此外，美国近十年开始从制造型经济逐渐向知识型经济过渡，雇用人员模式发生了相应的转变——即对被雇用的人学历要求高了，这也是为什么高学历的人容易找到工作的另一原因。有学历的白领大多能适应知识经济的发展，而那些没有学历或学历较低的人无法应对时代的转型，一旦自己所从事的行业衰退，就很难再去适应新的工作。

马文灿在一家贸易公司工作，他非常不满意自己的工作，经常愤愤不平地对朋友说："我的上司总是对我吹毛求疵，他总是说我做得不好，而且还说，我只有在他的监督下才能做得好。改天我要对他拍桌子，然后辞职不干。"于是他的朋友对他说："是不是上司不在，你就很放松呢？"

"那当然了，谁不是这样？"

"我建议你好好地把公司的贸易技巧、商业文书和公司运营情况完全搞清楚，甚至如何修理复印机的小故障都完全学会，成为公司不可或缺的人，那么你再看看上司是不是还是那样督促你。如果他还这样说，那么你就拍桌子走人。你在他们公司免费学习，什么东西都学会之后，再一走了之，不是既有收获又出了气吗？"

马文灿听从了朋友的建议，从此便默记偷学，下班之后也留在办公室研究商业文书。一年后，朋友问他："你现在许多东西都学会了，可以准备拍桌子不干了吧？"马文灿不好意思地说："可是我发现近半年，上司对我刮目相看，也不再监督我了，最近更是不断委以重任，又升官，又加薪，我现在是公司的红人了！"

当今社会，一切科技和应用技术都在飞速向前发展，而且随着技术的相互交叉运用，发展速度越来越快。这个社会没有不变的东西，除了变化本身。很早就流行这样一句话："不是我不明白，这世界变化快。"要想适应这个世界的变化，跟上这个社会的变化速度，就必须努力学习，而且要学会学习的方法。因为当前的知识在十年后就需要全部更新一遍，否则无法适应时代的发展。所以，学习能力是一个成功者必须具备的能力，是未来新一代成功人士的第一特质。

远大空调集团总裁张跃拥有 2 亿美元以上资产，1989 年创业时只有 25 岁。张跃的座右铭是：要孜孜不倦地追求知识。当然这里不是单指那种很刻板的知识，还包括生活方式的认知和品位、感受，这是决定一个人是否幸福的重要方面。要在知识中找到美感，体会到享受。

拥有全国政协委员、全国民营企业家杰出代表头衔的刘汉元，是四川眉山市人，通威集团总裁。他经过十八年的创业，使一个企业成了国内最大的水产饲料及主要畜禽饲料的生产商。他所在的集团拥有 4000 名员工，集团正在向世界水产业霸主地位前行。2002 年，他被《财富》杂志认定为全球 40 岁以下成功的商人——在亚洲仅有 13 人获此殊荣。

作为一个规模如此之大的企业的老板，刘汉元的时间是非常紧张的，他的办公桌上总是摆满了各种各样需要他批阅的商务文件。然而，不管再忙，哪怕身处天涯海角，每月的月底他都要飞到北京大学光华管理学院参加 EMBA 班的学习。那些大老板尚且如此加班加点地为自己充电，我们这些凡人又有何不能呢？现如今，"充电"已成为这个时代的流行语，想早日成功的人，努力地学习吧！

相对于人类浩繁的知识财富而言，人的精力和时间是有限的。一个人要想成功，尽量要在 35 岁以前学会本行业所需要的一切知识，并有所发展。

已故零件大王布鲁丹在他 35 岁时，已经成为零件行业的领袖，并且组建了年收入达千万美元的海湾与西部工业公司。每个人在年轻时都可能有过彻夜不眠、刻苦攻读的经历，要学会本行业的一切必要的知识，并不是一件简单的事，必须经过艰苦的努力才成。

当今时代是一个竞争激烈的时代。在这个世界上，如果你不努力学习，适应社会，那么你将被社会所淘汰。你要想不被社会所淘汰，就必须时常"淘汰自己"，抱着一切归零的心态去学习、充实自己，在激烈的竞争中保持自己的竞争力。

面对激烈的社会竞争，只有不断学习，才能增强自己的本领，使自己头脑更充实，更能适应社会的变化。只有不断学习的人，才会不断适应这个飞速发展变化的世界，才能使自己的人生跟上时代变化的步伐，使人生更充实。

不断学习，提升自身竞争力

> 强大的竞争力是立足现代社会的基本要求，而现代社会的知识更新率又非常快，所以需要不断地学习才能保证自身所具备知识的前沿性，使自己更符合时代的要求。

早在两千多年前，中国的大教育家孔子就曾这样说过："学而时习之，不亦说乎？"表明学习活动是经常性的事，同时，学习也是充满乐趣且富有生命色彩的源泉。学习是成长的方式，没有学习就没有竞争力，选择学习就是选择进步，提高学习力就是增强生命力、创造力和竞争力。

如何快速提高自身竞争能力，达到四两拨千斤的效果呢？弥补自身的缺点和弱项，是个既快捷又有效的方法。俗话说，知识改变命运。只有不断地充实自己，提升自身的竞争力，才能保持向上的动力和发展势头，不会在这个竞争残酷的社会中落于人后。

全球著名的零售商家乐福，作为劳动密集型企业，它的工作就十分具体而辛苦。其人力资源总监曾说："我们对人才的要求定位很高，处于低级岗位的新入职大学生，如果缺乏对从事这种行业艰苦性和挑战性的心理准备，而且对工作的价值缺乏精神上认同，这样是不会得到工作机会的。"

家乐福的面试过程非常注重这方面的素质，考官会千方百计地把测试的重点放到这方面上来。在当今社会，缺乏工作价值的认同成为职业人的软肋。有些时候，企业在培养人才的时候，会故意将其放在艰苦的岗位上锻炼他，这也是对人才的一种激励和磨炼，为的是让他明白：只有不断地学习和磨炼，才会有超强的竞争力。不能够认同某项工作的价值，就成为企业淘汰你的最大理由。

某职业顾问曾经做过这样的调查，因为职业气质同行业和公司不匹配导致跳槽失败的人占到42.7%，每种行业、每个职位都对从业者有不同的素质要求，特别是个性气质的契合度问题尤其重要。如果没有进入到真正适合自己、真正能激发自己持续工作激情的工作领域，一个人也许可以兢兢业业一辈子，但是所创造的价值肯定是十分有限。价格随着职业价值起伏，所以在不合适的工作上难以创造出足够的绩效，拿的钱比别人少，职位比别人低是再正常不过的市场规律反映。一个人必须科学评价自己的职业发展方向，那是取得更大成功的基石。

小刘是硕士毕业，后来来到北京发展。由于对就业市场不是很了解，只凭着一腔热血和高学历，认为可以很轻松地找到工作。但现实却并非如此，辗转一个多月后，他进了一家出版公司做编辑。由于放不下心理上的架子，觉得自己比同事文化水平高，应付编辑业务绰绰有余，所以对公司办的业务培训嗤之以鼻，从来不参加，却不知他与同事们的业务水平差距正在逐步拉大——他已经远远落后业内的发展潮流了。正是他这种"知识已经足够，不必再学习"的思想作祟，他的业务能力一直徘徊不前。最终，他不得不选择离开。这是小刘的悲哀，也是大多数高学历者的痛处。

一般情况下，稳定发展的企业会对员工有培养计划，鼓励员工自己决定未来三至五年把自己发展为一个什么样的人。这样不但增强了人才的培养效率，还大大节省了企业成本。那些明确知道自己下一步怎么走的员工，不但使自己的职业规划去适应企业的要求，还会随着企业的发展来调整自己的目标，耳濡目染之间，他就能够与企业气味相投、气质相似。对企业来说，也达到了人才培养的目的。所以，当求职者选择与自身职业气质不匹配的公司时，他的弱项就会最大限度地暴露出来，成为求职成功的一大软肋。

据职业顾问调查，由于求职态度偏颇而导致失败的人占到 25.1%。态度决定命运，这句话看似大话空话，其实不然，实际上却真实地反映出求职者存在的问题。很多人可能面试之前会补充一些面试技巧，这样做的效果微乎其微。有经验的人力资源主管会一眼识破你的伪装和言不由衷，刻意地追求技巧只能适得其反，能够表现真实的自己最重要。

企业除了看重职员的职业素质外，还比较看中求职者的耐压力，在市场高度竞争中，企业之间的竞争其实是人才的竞争。而社会压力剧增的情况下，人才的抗压能力和公关能力，将为企业发展注入活力，也是企业稳步发展的有利因素。降低人才流失率，减少企业运营中的人才成本，这是企业在长远发展战略方向的考虑。求职者能否在高压下保持韧性，决定了企业是否录用这个人。因此，谎言和优越感是面试的一大软肋。面试中端正的态度，保持诚实最重要。没有经历过挫折，没有高抗压能力，一味地利用技巧或堂皇的语言装扮自己，是不会得到企业的青睐的。

因为缺乏对企业工作价值的认同感而导致跳槽失败的人占到 38.4%。我们应该认识到，从业者的职位从低级到高级有一个漫长的进阶过程，这就要求人们处于较低的岗位上，能够忍耐，能够坚持，有做到高级职位的决心和勇气，并把这种决心和勇气转化为实际行动。能够认同目前工作的价值，这样才能为进一步发展打下基础。否则，如果对企业文化和价值没有一个认同感，那么企业也就无法信任你。因此，企业招聘过程中，会尽量杜绝缺乏对企业工作价值认同感的人，以免给自身带来损失。能够认同某项工作的价值，了解自身的优势与劣势，这样才能在职场变幻的风云中勇立潮头，取得职业成功。

企业对从业者的这种天然的要求，促使我们要自发地去学习、去接触最新的知识和技术，还有崭新的社会理念，以满足他们的要求，使自己在竞争中处于有利地位。

拓展知识，扩大发展空间

　　一个人的知识面越广泛，他的思维就会自然而然地越缜密，考虑事情就会越周全，成功率越高。自然，自己的发展空间也会越来越广泛，前途也会越发明朗而充实。

　　博学的智者正在花园中修剪花草，他精心照看每一棵幼嫩的花草，认真修剪每一个斜生的枝芽，每一种花草的肥料都是他精心选用的，他的花园总是打理得那么井井有条，看到这春意盎然的花园，智者内心也总是充满喜悦。邻居家的花园紧挨着智者的花园，邻居雇用了一个经验丰富的园丁来管理自己的花园，园丁由于受世俗凡情之事的困扰，一直心情不佳，这时园丁看到了沉浸在喜悦之中的智者。

　　园丁问："智者您好，您为什么这么开心？有什么值得高兴的事可以和我一起分享吗？"智者回答："当然可以，你看，这里满园春色，看到这些生机勃勃的花草，一片欣欣向荣，真是让人心情愉快，你难道不觉得吗？"

　　园丁看了看智者的花园回答道："哦，您的花园是漂亮极了，可是您看看我的花园，我也用心打理它了，而且我种植花草的经验也足够丰富，为什么这些花草一点也长不好呢？难道您有什么秘诀吗？"说到这里，园丁满怀期待地看着智者。

　　智者并不理会他的态度，而是微笑着问园丁："你从事这项工作多长时间了？"

"三十多年了。"园丁回答。"那你一直如何从事这项工作的？"智者又问。"我每天都辛辛苦苦地松土、施肥、剪枝，几十年来从没有懈怠过。您知道，我需要靠它来养家糊口。"园丁继续回答。

"那么说，你几十年来只知道在花园里辛苦地劳动，只是单纯地依靠种花的经验来整理花园，而从来没有想过利用更丰富的养花知识来经营这片沃土？如果你真的这样度过了三十多年的养花生涯，那我真为你感到遗憾。"智者说道。

园丁说："是很遗憾，但那有什么办法呢？我可不像您那样有学问。再说了，养花除了每天在土地上辛苦劳作之外，还能有什么丰富的知识，养花还需要什么知识吗？我知道您十分博学，可是您大可不必把这么简单的事情都扯到知识上来。"

智者回答："修剪花草当然也有学问，如果仅仅依靠自己的经验来培育花草，而不学习这方面的丰富知识，那自然培育不出优良的品种，也不可能让花园里呈现出百花齐放的景色。"

"那您说说，培育花草都需要哪些知识？"园丁又问。

"培育花草的知识有很多，最简单的比如不同花草喜好的温度、不同物种需要的不同养料以及各种花草对水分的要求等。另外，还有花草之间彼此的接受程度，它们离开原生长地之后天敌的变化以及音乐等因素对花草的影响等。"

听完智者的话，园丁不禁目瞪口呆，他平时倒也注意过关于温度、水分、养料之类的问题，至于智者说到的其他问题他可连想都没想到过。

智者见他一脸迷茫，于是接着说："举一个例子，有些花草在原产地有别的生物的制约，因此能够正常生长。可是，一旦离开原生地，就没有东西能够制约其生长，于是它们就疯狂地侵占周围其他物种的水分和养分。如果花园里移植来这种花草，那么整个花园都会被其霸占，如此一来百花齐放的花园就会变成这类物种的唯我独尊之地。"

听到这里，园丁恍然大悟，连声说："怪不得……怪不得在前一个主人家的花园里我总也除不尽一种草，最后它占满了主人的整个花园，而我也正是因此才被解聘的。"

智者微笑着说："如果你早一点把自己的工作当成一门学问，努力拓展自己的知识，那你早就在这个行业中做出一番成就了。这样的话，你经营的花园才会每天都绽放出最美丽的花朵，你自然而然也就不会再愁眉苦脸的了。"

知识面拓展越宽广，自己的发展空间也就越大，没有丰富知识积累的事业是不完整的事业。如果你从拓展事业的角度出发对待工作，那便是拥有了一个积极的开始，而且这样的开始注定会孕育着无限生机和活力，这样的开始就如同站到峰顶上眺望远处的美景，心境自然很开阔；相反，如果仅仅从应付工作的角度出发，那你的事业成长道路必定不会一帆风顺，这样的开始不会蕴含足够的激情和动力，这样的开始就如同站在井底仰望苍穹，看到的只能是一小片单调的天空。

当你选择了一个行业，并且进入一家公司开始你的事业时，你就应该知道自己要以什么样的心态和态度开始自己的事业，并且需要哪些知识来开拓自己的发展空间，否则就会停滞不前，事业发展受到很大的限制。

艾德娜·卡尔夫人曾为杜邦公司雇用过数千名员工，现在是美国家庭产品公司公共关系副总经理。她说："我认为，世界上最大的悲剧就是，有那么多的年轻人从来没有发现他们真正想做些什么，他们很少考虑自己真正需要哪些知识，能成为什么人，他们想到的仅仅是从工作中获得多少薪水。我想一个人如果只从他的工作中获得薪水，而在其他方面却一无所得，那真是最可怜不过了。"

相比较而言，拥有更丰富的知识会更容易拓展广阔的发展空间，而且只有在更广阔的发展空间里人们才能实现更高水平的发展，因此人们就越是需要拓展更加广博的知识层面。反之亦然，知识面越窄，发展空间受限，人们的能力水平就得不到发挥，最后就越容易满足于眼前，越来越不思进取。如果一个人对琐事的兴趣越大，对大事的兴趣就会越小；而非做不可的事越少，就会越少遇到真正应该做的事。于是人们就越关心琐事，这种循环一旦建立，恐怕很少有人能走出这个怪圈。这无疑是一种恶性循环，但悲哀的是，大多数人总是乐此不疲，或者是陷于其中不能自拔。

其实，从业者应该有这样的想法：公司给我们提供的不仅仅是一份维持生计的工作，从工作中我们得到的不仅仅是一份或多或少的薪水，而是一份崭新事业的开始。从这份新事业中我们可以得到更加广博的知识和自我价值的不断提升。在事业的道路上能够获得什么样的成果，完全取决于我们以什么样的起点开始工作，如果你以不断拓展伟大事业的心态开始工作，那你自然会不断丰富和更新自己的知识，从而创造越来越大的价值。

知识面的拓展就像原子弹的引发一样，一旦你决心启动，真的会越来越宽广，为自己走出一个新天地！

千里马也是自己的"伯乐"

如果你是真的千里马，就不要等着伯乐来给你下结论。试想一下，如果你通过自己的不断努力，让别人主动发现你的长处，尽快让自己发挥才能，也让你的才能尽快实现他的需求，这是多好的一举两得的事情啊！何乐而不为呢？

在人生中，在职场中……其实，无论何时何地，我们都将人才比作"千里马"，用人才的企业就是"伯乐"，意思就是一个人才需要企业用起来才有用武之地，正如千里马需要伯乐相中才有广阔的天地一样。诚然，人才如果没有用武之地可能永远成不了世人皆知的"人才"，而且他的才能也无法得以施展。也许，在若干年以后还可能荒废成"废才"。因此，伯乐对于千里马来说是何等的重要，自是不言自明。可是，世界上能真正相马的伯乐毕竟不多，那千里马该当何去何从呢？

正如有人说的，不要把"千里马常有，而伯乐不常有"当借口。很多年轻人常常有怀才不遇的感觉，觉得自己空有一身本事，但这个世界伯乐太少，没有发现自己。千里马们不应把"千里马常有，伯乐不常有"这句话当作借口，毕竟借口是廉价的，找借口就是心安理得地享受失败。当今的千里马不应坐等伯乐的出现，而应主动出击，寻找机会、创造机会。千里马自己也要去找伯乐，只有这样才不会有"千里马常有，伯乐不常有"的遗憾，而到最后"空悲切"。

　　并且，作为"千里马"的人才，当机会真正出现在眼前的时候，也不要让机会流失，要抓住机会。当然，机会来的时候是不会告诉你它就是机会，因此，需要千里马也具有伯乐般的眼光去发现并抓住、拥有机会。

　　一个令人印象深刻的故事中讲道：有一个非常崇拜上帝的人，深信上帝会在他最困难的时候出现并帮助他。在一次航船中，轮船触礁而漏水，船上的人群哗然，而这个深信上帝的信徒在船上深信上帝会来救他。这时，一艘渔船经过这里，看到有船触礁需要救援，就靠近触礁之船，将部分落水乘客转到了安全的渔船上。而这个信徒深信上帝会来救他，因此不为渔船所动，继续等他的上帝出现……接到救援信息的附近船只也赶过来救援，触礁船上的人群纷纷登上了安全的船只，最后只剩下这个信徒了，大家纷纷催他赶快上救援的船，不然在很快的时间这只船就沉没了。但他深信他的上帝会来救他，坚决不上船……

　　海水很快就要淹没船了，空中飞过来一架搜救直升机，飞机看到船上似乎有一个人，就拼命地朝船只喊，要求信徒上机，可是这个信徒还是拒绝上机，他说，他深信上帝，上帝肯定会来救他这个虔诚的弟子的。他坚决拒绝了……船沉没了，直升机飞走了……

　　信徒到天堂找到了上帝，责问上帝："上帝，我对你这么的虔诚，为什么在我遇到困难的时候您不来救我啊？"上帝说："我怎么没来救你了，开始我派了一艘渔船来救你。你嫌弃渔船太小不愿意上来，后来我又派了几艘大的船，你还是不愿意上来，最后我只得派出直升机来救你，够档次了吧！可是你还是不上来，所以你怎么能怪得了我呢？"信徒最终也无话可说！

　　一个公司或一个单位，千里马这么多，伯乐毕竟精力有限，一时难以一一做出结论性评判，但反过来想想，难道作为千里马的我们真的就缺伯乐的一句肯定吗？没有他的肯定，我们就不是自己，不是能干的千里马了吗？我们就可以因此而放松、懈怠了吗？这当然不是我们的初衷，所以，还是要端正心态，不能被动地等着伯乐来相你，而是应主动做出成绩，吸引伯乐的眼球，以此脱颖而出。

确实，自认为是千里马的我们，在拼命希望伯乐出现，并给自己做出"结论性"的定位的时候，我们是否应该反省：我们之前是否有机会证明自己？是否珍惜了这样的机会？如果答案是否定的，我们真的需要反思了。因此，不要总将"千里马常有，而伯乐不常有"挂在嘴上，给自己找台阶下了，因为这不是我们给自己留下后路的理由，也不是逃避竞争的借口。

等待机遇不如创造机遇

　　我们前面提到，要抓住机遇，如果真能做到当然是最好不过，如果真的没有机会出现在面前，难道我们就一直等下去吗？不！想抓住机遇不能被动地等待，真正聪明的人应该去主动创造机会。

　　机遇是个神奇的东西，就像西方谚语说的那样：事实并非看上去的那样！你觉得偶然的成分很大，其实不然。可以说，每一个机遇都是靠自己创造的、争取的，绝非空穴来风。那些看似水到渠成把握住了机会的人，看似是命运的幸运儿，倒不如说是一个主动出击的斗士，在残酷的环境中为自己赢得了机会。

　　有一位才华横溢、技艺精湛的年轻画家，早年在巴黎闯荡时默默无闻、一贫如洗。他的画一张都卖不出去，原因是巴黎画店的老板只寄卖名人大家的作品，年轻的画家根本没机会让自己的画进入画店出售。

　　成功似乎只是一步之遥，但却咫尺天涯。谁知过了不久，一件极有趣的事发生了。每天画店的老板总会遇上一些年轻的顾客热切地询问有没有那位年轻画家的画。画店老板拿不出来，最后只能遗憾地看着顾客满脸失望地离去。

　　这样不到一个月的时间，年轻画家的名字就传遍了全巴黎大大小小的画店。画店的老板开始为自己的过失感到后悔，多么渴望再次见到那位原来是如此"知名"的画家。

　　这时，年轻的画家出现在心急如焚的画店老板面前。他成功地拍卖了自己的作品，从而一夜成名。

　　原来，满腹才华的画家当兜里剩下十几枚银币的时候，想出了一个聪明的方法。他用钱雇用了几个大学生，让他们每天去巴黎的大小画店四处转悠，每人在临走的时候都询问画店的老板有没有他的画，哪里可以买到他的画？给人造成一种紧俏的感觉。这个聪明的方法使画家声名鹊起，因此才出现了上面的一幕。

　　这个画家就是现代派大师毕加索。作为一个穷困潦倒的画家，毕加索为什么最后能够成功呢？其原因在于他在过去的岁月中，始终在寻找着成功的机会，他在寻找成功的过程中，总是时刻准备着，让自己保持最佳状态，以便机会出现时，可以紧紧地抓住，不让它溜走。

　　对成功者而言，机会无处不在。只要我们发现了机会，就应不失时机地充分调动自身资源，不放手，成功就是我们的。当然，这不仅在于成功者在寻常状态下对机会有全方位的嗅觉，还在于他们善于在没有机会的时候能创造机会。

　　的确，不是每一块金子在哪里都会发亮，譬如，当它还埋在沙土中时。同样，也不是每一位有才华的人就一定会飞黄腾达。当机遇不至的时候，怨恨是无济于事的。这时，不妨学一学毕加索，动一动脑筋，想一个聪明的办法来创造自己的机会。那么，成功说不定也就不期而至了。

　　社会竞争愈发激烈，普通的竞争手段和机遇越来越难应付瞬息万变的市场行情。这就需要我们发动思维，在机遇越来越难以靠近你的时候，主动出击，给自己创造机会。这样才会有更大的成功的可能。

向最优秀的对手学习

我们常说，商场如战场。每一个在商海搏战的人时时刻刻都要面对竞争。其实，人生何尝不是如此？但是，你有没有虚心学习竞争对手的出色之处呢？只有当你有一个优秀的对手时，才会有机会学习对手的过人之处，才能成就更优秀的自己。这是一个对自身气魄的挑战，更是一个自我提升的良方。

林政纬是一家专业激光标刻公司的负责人。虽然他们公司的工艺水平非常先进，但林政纬从不掉以轻心，而是时刻细心观察同行的最新技术，并认真学习。因为他知道，在这个竞争激烈的市场经济时代，你的任何优势都有可能随时失去，只有保持一颗清醒的头脑，永远向前，才能保持不败。

有一次，林政纬在市场上看到一只很独特的手表。熟悉技术的他一眼就看出这只手表底壳是用激光处理的，而普通的手表底壳是冲击出来的，这引起了林政纬极大的兴趣。

他仔细一看，发现这样做出来的手表的光泽度要比别的手表亮很多。为了知道他们是怎么做的，林政纬买下了这只3000多元的手表，决定拿回家好好研究。他把手表拿到公司，给底壳做了一系列测试，最后研究出来他们的处理方法。掌握了这一技术后，林政纬的公司也开始使用这种激光处理技术，如今已经在实际生产中广泛使用。

不仅如此，他们还通过各种方法对自己的产品进行质量和服务的提升。著名的鲶鱼效应就是这样的，为了保持机构的活力，我们必须为自己寻找一个强大的对手，足以激起我们的斗志，以激昂的面貌示人。

当公司有很大的订单时，林政纬通常会找那些品质、制作工艺相仿的同行一起来研究和制作。这样既保证了速度和质量，也可以在合作中相互学习彼此的新技术。凭着学习对手优秀技术的精神，林政纬的公司不断地在工艺上模仿和超越别人，市场也越做越大。

任何一个优秀的商人都不会轻视他的对手，因为对手促使他进步。况且，俗话说："人外有人，天外有天。"向竞争对手学习，是被不少成功企业实践所证明的一个真理。因此，与其提防对手，不如更多地考虑如何通过相互学习、共同合作来提升自己。

简单地把竞争对手看作自己天敌的行为是一种故步自封的鸵鸟政策行为，有这种想法的人往往无法按照市场进行正当的竞争，从而采取非常规手段，结果可想而知是两败俱伤。唯有知己知彼，才能百战不殆。只有向竞争对手学习，取其长，补己短，才能不断地丰富自己，超越自己，获得更大的成功。

20 世纪 80 年代初期，日本丰田汽车已经以其质优价廉的名声打进了美国市场，这一状况甚至威胁到了美国实力雄厚的通用汽车公司。当时通用公司的执行经理是史密斯，他经过一番深思熟虑后做出了一项重大决定——将通用公司下属的一家汽车工厂与日本丰田汽车公司合并，生产丰田牌轿车。

这一决定让丰田公司尤为高兴，因为能与庞大的通用公司合作，必定能更快地占领美国的汽车市场。因此当美方提出这一建议后，日方的人员、设备便跨洋过海地来到美国。而在通用公司这边，许多人都不明白史密斯为什么要这么做。他们把史密斯公然将丰田公司请到美国生产汽车这一举动视为"丧权辱国"的屈节投降，还有的人认为这是"引狼入室"的愚蠢行径。

当美国汽车界人士纷纷向史密斯提出谴责和批评时，史密斯没有退缩，因为他自有打算。他分析了解到，美国汽车界之所以在日本汽车大举进攻之下失去还手之力，太过轻敌是一个很重要的因素。

当时，几乎所有的美国汽车制造商都认为日本汽车不过是低廉的劣质产品，然而史密斯却看到了日本汽车售价低、性能好、省燃料等优点。

于是史密斯想通过与丰田公司合作，争取到他们的技术帮助，用以增强自己产品的竞争力。表面上看似乎是引狼入室，实际上史密斯是聪明地把"老师"请到家里，了解对手，向对手学习，然后"青出于蓝而胜于蓝"，最后一举夺回霸主地位。事实证明史密斯的做法是正确的，最终通用公司抢回了市场，挣回了利润。

找一个强劲的对手，使自己保持一颗竞争、向上的心，这样才能让自己永远向前。与强劲的对手竞争时，只有一边了解对手，向对手学习，一边提高自己的实力，才能赢得竞争的胜利。向优秀的对手"偷师学艺"，实际上是占有对手的优势。学习对手，从而走向最后的成功，这才是我们为自己准备对手的最终目的。

学以致用，才能获得成功

孔子说："三人行，必有我师焉。"这就是说，要我们善于向周围的人学习经验，而不是把所有的路都重新走一遍。这就像我们只需要接受地球是圆的这个公理，而不必自己亲自环绕地球走一遍然后得出这个结论一样。

学习的成本很高，所以，我们应该学会如何花最少的本钱获得更多的知识。把别人的教训变成自己的经验是一种便捷的成功方式，让我们在有限的时间和空间内，获得无限的经验，同样也是一种最有效率的"成功术"！寻找方法是聪明人通常的做法，也是取得成功的捷径，这并不是偷懒，也不是投机取巧，它代表了成就和效率。

很多时候，尤其是在处理比较复杂的问题的时候，寻找捷径往往能取得非常好的效果。聪明人做事，都讲究方法和捷径。他们直接运用他人的方法，省略盲目的实验过程，往往能够事半功倍。有一句话叫作"简单未必好，好却多为简单"，这其中蕴含着巨大的智慧，我们应该从中获得某种启示。

有两句成语，一句叫作"事半功倍"，一句叫作"事倍功半"，说的意思刚好相反。前一句说的是花一半的功夫取得了加倍的效果，后一句说的是花了加倍的功夫却只取得了一半的效果。这两句成语说的就是做事情的方法问题，而寻找捷径通常是聪明人通用的做法。聪明人看到一件事，首先想到的是通览整个事件，然后思考是否能够寻找到简单的办法，这也叫"磨刀不误砍柴工"。

数学家高斯小时候就非常聪明，遇到问题善于思考。在一次数学课上，老师给大家出了这样一道数学题：请问，将 1 至 100 之间的所有自然数相加，和是多少？老师承诺，谁做完这道题，谁就可以放学回家。为了能尽快回家享受那自由而快乐的美好时光，同学们都努力地算了起来，有的人甚至额头上都渗出了汗。只有高斯一人静静地坐在自己的座位上。他一只手撑着下巴，一只手无意识地摆弄着手中的铅笔。他在寻找一种可以快速解答这个问题的办法。过了一会儿，小高斯举手交答案了。"老师，这道题的答案是 5050。"高斯很自信地说。

"你可以给出你的方法吗？别人可连一半都没有加完啊！"老师略带吃惊地问。"当然。你看，100+1=101，99+2=101……以此类推，到 50+51=101 时，恰好得到了 50 个 101，因此最后的结果也就是 5050 了。"

老师对高斯的解答十分满意，也为自己能够有这样的数学天才的学生而兴奋不已，并认定他一定会有一个光明的未来。果然，后来高斯真的成为世界知名的数学家。

我们无论做任何事情，都要既勤奋又善于开动脑筋思考，这样才能更好地完成任务。如果一个人总是干什么事都急匆匆的。有时候尽管判断正确，却又因为办事缺乏效率而出差错，从而导致做的多，对的少的现象，吃力不讨好。一个善于思考、头脑聪明的人总会首先寻找方法，只要方法找到了，做起事来才会更快、更好。

西方有一句有名的谚语：Use your head，意思就是要多动脑、多思考。许多人一生都遵循着这句话，而且据此解决了许多常人难以解决的现实问题。在现代社会，伴随着物质生活越来越丰富和精神生活的匮乏，需要我们解决的问题也越来越多，这就需要我们多多学习，使自己具备一定的能力，从而有效地解决相应的问题，在这个错综复杂的社会中争得一席之地。

有一个人在一家建筑材料公司当业务员。虽然产品不错，销路也不错，但产品销出去后，总是无法及时收到回款。当时公司最大的问题是如何讨账。

有一位客户买了公司 10 万元的产品，但总是以各种理由迟迟不肯付款。公司先后派了三个人去讨账，但都没能要到货款。当时这个人到公司上班不久，就和另外一位员工一起被派去讨账。他们软磨硬泡，想尽了办法。最后，客户终于同意给钱，叫他们过两天来拿。两天后他们赶去，对方给了他们一张 10 万元的现金支票。

他们高高兴兴地拿着支票到银行取钱，结果却被告知，账上只有 99930 元。很明显，对方又耍了个花招，给的是一张无法兑现的支票。马上就要春节了，如果不及时拿到钱，不知又要拖延多久。遇到这种情况，一般人可能就一筹莫展了。但是这个人突然灵机一动，赶紧拿出 100 元钱，让同去的人存到客户公司的账户里。这样一来，账户里就有了 10 万元。他立即将支票兑现了。

当他带着这 10 万元回到公司时，董事长对他大加赞赏。之后，他在公司不断发展，五年之后当上了公司的副总经理，后来又当上了总经理。这个业务员不过是有些聪明而已，更难能可贵的是，他把这种聪明发挥到了现实生活中，解决了实际问题，因此把握了人生机遇，为自己赢得了好前程。

美国有一位年轻的铁路服务生叫佛尔，他曾经和其他服务生一样，用陈旧的方法分发信件，结果使许多信件被耽误几天或几周之久。佛尔不满意这种现状，并想尽办法要改变它。很快，他发明了一种把信件集合寄递的办法，极大地提高了信件的投递速度。五年后，他成了邮务局的帮办，接着又当上了总办，最后升任为美国电话电报公司的总经理。

生活中总是有人抱怨多，实际行动却少。然而，当谁都认为工作只需要按部就班做下去的时候，偏偏总有一些优秀的人，会找到更有效的方法，将效率大大提高，将问题解决得更好更完美！正因为他们有这种善于向周围的人学习，并把自己的能力发挥到极致的能力，从而让自己以最快的速度得到了普遍认可。

1793 年，守卫土伦城的法国军队发生叛乱。在英国军队的援助下，叛军将土伦城护卫得像铜墙铁壁，前来平叛的法国军队怎么也攻不下。土伦城四面环水，且有三面是深水区。英国军舰在水面上巡逻，只要前来攻城的法军一靠近，就猛烈开火。法军的军舰远远不如英军的军舰先进，根本无计可施。

就在这时，法国军队一位年仅24岁的炮兵上尉灵机一动，当即告诉指挥官："将军阁下，请急调100艘巨型木舰，装上陆战用的火炮代替舰炮，拦腰轰击英国军舰，一定可以以劣胜优！"

果然，这种"新式武器"一调来，英国舰艇无法阻挡。仅仅两天时间，英军的舰艇就被火炮轰得七零八落，不得不狼狈逃走。叛军见状，很快就缴械投降了。经历这一事件后，这位年轻的上尉被提升为炮兵准将，而这位上尉就是后来赫赫有名的法国皇帝拿破仑！

像很多杰出人物一样，拿破仑的成功，主要是他总能在关键的时刻找到解决问题的方法，善于向周围的人学习，并运用到实际生活中去，从而获得了成功。使自己走上了一个新的台阶，获得了一个有高度的新起点！有了这样的新起点，才有了更大的舞台，才能吸引更多的人向自己看齐，才有更多的资源向自己汇集。

在市场经济的新时代，做任何事都要有一个好的结果。不仅要做事，更要把它做好；不仅要有苦劳，更要有功劳。因此，先不要说自己多么的勤快，而是应该反思自己做事的效率和效果。其实，要想做到高效也很容易，就是向周围的同事、同学、长者学习，不断地提高自己，使自己迈上一个个人生的新台阶，从而不断地完善自己，赢得光明的前程。

发挥优势，从最擅长的做起

对所有人来说，如何打造成功的自己是一个比较困难的问题，因为他们宁可相信别人，也不相信自己。其实，不必看轻自己，要相信自己的能力是独一无二的。做最擅长的事，才有可能获得最大的成功。

一位哲人说："一个人如果懂得如何利用自己的优势去工作，他生命中的力量便可得到充分的发挥，这样的人是幸福的。"爱默生曾说过："什么是野草？就是一种还没有发现其价值的植物。"我们每个人都有自己天生的优势，也有自己天生的劣势。一个人要想取得更大的成就，就应该在自己更容易做好的领域里发挥优势。因此，成功的捷径就在于最大限度地发挥自己的优势。

诗人乔治·赫伯特说过，意识到我们是什么人比我们已经做了什么重要得多。如果不能确定选择的目标是否合乎正义、个性需求或者具有合理性，就应该及时放弃这个目标。

一只麻雀很羡慕孔雀走路时优美的姿态，于是就逼着自己模仿孔雀走路，这对于天生用跳来行走的麻雀无疑是相当困难的一件事。

练习自然是非常辛苦的，但是它不放弃，仍坚持一步步练习着，认为只要这样坚持下去，一定可以成功。可几天过去了，它还是没学会孔雀的优美步伐，于是它加大了训练的强度。最后很不幸的是，它的腿因为自我折磨而变得扭曲。

很多人都在扮演麻雀的角色，他们把错误的、不恰当的事情加以粉饰和伪装，使其看起来像正常的事情，可最后他们不仅什么也没得到，反而失去了自己原有的特长。

有位很有声望的学者曾表示，有的人能够为了实现个人极力追求的目标，用理性说服自己做出一些违背自己天性的举动来。于是，那些错误的举动和观念就这样左右着一个人的正确选择，也诱使他千方百计地将错误的行为粉饰为那些看似十分正确的事情。但是任何错误的事情中都蕴含着失败的种子，这种失败不仅会给生活带来严重的后果，而且也会让个人付出惨痛的精神代价。

除非你的性格适合做当下的工作，否则你是不会在工作中大展宏图的；除非你的特长得到充分的展现，否则你就没有处在一个合适的位置上；除非你对工作的热情已经达到了废寝忘食的地步，否则不能说你真正地意识到了个人的兴趣所在。

明代著名医药学家李时珍，年轻时三次考举人均落第而返。后来，他发现自己不适合在仕途上发展，而是更适合悬壶济世，毕其一生之力写出了流传千古的医药学巨著《本草纲目》。还有清代才华横溢的蒲松龄，多次科考均落第，他断然放弃，立志于文学创作，写成了不朽的名著《聊斋志异》。大作家丹尼尔·笛福曾做过许多事情，商贩、士兵、秘书、经理、会计、特使他都当过，但是那些职业都不是他最钟爱的事业，当发现自己的兴趣是写作时，最终创作了著名的《鲁滨孙漂流记》。鸟类研究专家威尔逊曾经连续从事五种职业都没有取得成功，于是他放弃了那些自己不擅长的东西，回归到自己最热爱的鸟类研究上，并不断地钻研，终于取得了令人瞩目的成就。苏阿芒连续三年报考大学都以失败告终，随后他改变了方向，自学外语，最后掌握了二十多种语言，成为著名的世界语奇才。

由此可以看出古今成就了一番大事的人，无一不是在奋斗的过程中不断地调整、修正自己的人生目标，充分地发挥自己的优势和潜能，才终有所成。某诺贝尔奖获得者总结其成功之道：除了超凡的智力与努力之外，还有一个十分重要的环节就是根据自己的长处决定终身职业。当你经过一段时间的探索和思考，对自己的兴趣、思维以及知识结构等方面的特点有所认识后，不妨扬长避短，按自身的优势来进行职业生涯的定位。

成功心理学创始人之一、盖洛普名誉董事长唐纳德·克利夫顿在接受采访时说："在成功心理学看来，判断一个人是不是成功的，最主要的是看他是否最大限度地发挥了自己的优势。而成功心理学的特点就是，要最大限度地发挥每个人的优势，也就是说要持续不断地监测你的成功。"

如果每一个人都能够按照自己的兴趣和天性选择最适合自己的职业，那么人类的文明可能就达到了最高的境界。只有找到适合自己的位置，人们才有可能获得更大的成功。

当你看到别人在做某件事时，你或许会有某种想法——"我也想做这件事"。当你完成一件事时，你是否会有一种满足感或欣慰感？当你无师自通，非常快地做完某事时，这是一个重要信号；当你做某类事情时，不是一步一步地去做，而是如行云流水般地一气呵成，这也是一个信号。

很多人会发现自己在做许多事情时需要学习，需要不断地去修正和演练。而在做另外一些事情时，却几乎是自发的，不用想就能迅速地完成，这就是你的优势。

我们在规划自己的未来职业之路的时候，就应该从长远考虑，发挥自己的优势，一定要从最擅长的开始。一来自己不觉得陌生，容易上手；二来心中不至于没有依靠，应该寻找能够最大限度地发挥自己才能的突破口。只有善于发现自己的长处，才能使自己的人生增值。相反，总是怨天尤人、自暴自弃，或是经营自己的短处，只能使自己的人生贬值。

要有目标、有计划地积累知识

年轻人应当像海绵一样吸取有用的东西，有目的地积累自己所需要的知识，然后消化吸收并逐渐把它释放到现实生活中。

这是一个信息爆炸的时代，一个人无论如何是无法在有限的生命中掌握全部知识的，所以，在学习的过程中，最重要的是要有一个明确的学习目标。有计划、有目标地去积累知识，这样才会有显著的学习成果。否则，如果一个人什么都想学，什么都想积累，却没有具体的目标，那么最终将会出现这种情况：他什么都学了一点，而什么又都不是很精熟，导致一事无成。

一位教育学家指出："你的周围有一个浩瀚的书刊的海洋，要非常严格慎重地选择阅读的书籍和杂志。爱钻研和求知欲旺盛的人总是想博览一切，然而这是做不到的。要善于限制阅读范围，要把精力和时间放在最值得学习的知识上。"这说明一个人在学习过程中，一定要学会有所选择，根据自己的志趣和目标选择合适的学习内容。

美国汽车大王福特年少时，曾在一家机械商店里当店员，周薪只有2美元多一点。他自幼好学，尤其对机械方面的书籍更是着迷。因此他每星期都花2美元来买书，孜孜不倦地研读，从未间断。当他和妻子结婚时，只有一大堆五花八门的机械杂志和书籍，其他值钱的东西则一无所有，但他已拥有了比金钱更宝贵、更有价值的机械知识。

几年后，父亲给了他两百多平方米的土地和一栋房屋。如果他未研读机械方面的杂志书籍，终其一生，也许只是一个平平凡凡的农夫而已。但"水向低处流，人往高处走"，已具有丰富机械知识、胸怀大志的福特，在朝他向往已久的机械世界迈进。此时，从书本上得来的知识便助他开创出了一番大事业。

功成名就之后的福特曾说道："积蓄金钱虽好，但对年轻人而言，学得将来经营所需的知识与技能，远比蓄财来得重要。"他这里所说的知识和技能，就是对自己从事的职业有帮助的知识、技术，从而对自己的发展有指导作用，可以让自己更快地获得成功。

学习知识贵在有目标。有了目标，才能明确"积"什么，"累"什么。缺乏内在联系的知识，或虽有联系但彼此相隔太远的知识，积累得再多，也难以发挥作用。

有了目标，才可能判断知识的相对价值。知识都具有或大或小的价值。但是对于不同的立志成才者来说，它们的价值又具有相对性，并不一样。语言对于学习历史、哲学、文学的人价值很大；可是对学现代物理的人价值就小多了。因此，应根据自己的需要，选择最有用的知识。可见，只有明确目标，才能在较短的时间内掌握较多的知识。

为了更好地构建你的知识大厦，使你的学习变得有目标、有计划，你需要坚持以下几个原则：

1. 目的明确

在现在科学分类愈来愈细的情况下，一般人不可能在许多领域中都取得出色的成就。知识的海洋无边无涯，而人生的时间和精力总是有限的，一个人能在某一领域有所建树就很不错了。因此，在确定了自己终生奋斗的目标后，积累知识就应有明确的方向，战线不可拉得太长。积累的知识太杂，往往会淹没学习的重点，以至喧宾夺主，劳而无功。况且，要在最佳年龄区做出创造性贡献，时间也不允许你把某门学科的远亲近邻都搞个一清二楚。有句名言说得好：

什么都想知道，结果什么也不知道。学习要有明确的目的性是至关重要的。

2. 认真筛选

任何名著、佳作都不可能字字闪金光，句句皆良言。一般都会既有其独到的见解，也可能有失之偏颇之处，有些甚至是良莠混杂。因此学习知识必须善于分析，去粗取精，去伪存真，为我所用。要善于沙里淘金，撷取闪光的思想、观点和方法。

3. 统筹兼顾

学习知识必须从纵横两个方面考虑，统筹兼顾。所谓纵的方面，就是积累那些有利于把自己的学习引向深入的知识；所谓横的方面，就是在积累那些专门学科知识的同时，搜集与自己研究的领域、探索的问题有密切关联的那些学科知识。有时，其他学科的知识，能给自己的学习带来启发、联想和论据。马克思为了研究政治经济学，阅读了1500多种书籍，甚至连有关农业化学、实用工艺学之类的书都不放过。对知识和材料的统筹兼顾，实际上也是在培养自己的综合能力和预见性。

马克思有句名言："研究必须充分地占有材料，分析它的各种发展形式，探求这些形式的内在联系。"研究某一具体问题，必须尽可能地占有涉及这一问题的所有资料。只有在大量资料的基础上进行归纳、分类、分析、综合，才能有所发现，有所创见。

4. 及时摘录

一位著名学者曾告诫青年，一发现有价值的东西就要如获至宝，马上摘录下来。读书看报，随时都可能碰到有用的知识。这时，就要立即把它们记下来，做成知识卡片。有些零星的、散见在报纸杂志上的资料，如果不及时收集，往往如过眼烟云，稍纵即逝。重新查找不仅费时间多，而且有的资料往往一时很难再找到。

利用卡片、笔记等方式积累知识，是为了帮助记忆。

知识的价值之一就在于其准确性。因此，我们在做记录时一定要做到"认真"二字。摘抄完毕，最好与原文核对一遍，特别是引语和数据等。作者的基本观点，最好采用原文，以免在自己转述时失真。资料的出处（版本、日期、页码等）要丝毫不差地记上，以便需要的时候翻阅原作。

5. 注意求新

学习知识要注意求新，要不断学习和吸收新知识、新观点。在一定时期内，针对某一问题的研究，不仅要收集前人对这一问题的看法和观点，了解他们探索的足迹，同时更要注意收集同时代人的研究成果，特别是目前的研究进展情况。这就要求我们不仅要在大部头著作上搜寻，更要注意经常阅读各种期刊、评论及文摘。一般新出版的著作里记载的往往是几年前甚至十多年前的研究成果，而出版周期较短的杂志，则有助于掌握国内外的新动向、新思想和新成就。

积累知识不是我们的最终目的，而是尽可能地学以致用，自己最拿手的往往又只有一两个方面。所以，有针对性地进行知识的积累是非常必要的。

在实践中不断学习，善读无字之书

在现实生活中，大多数的青年在各自岗位上是靠自学成才的。也就是说，时代给我们的要求是，要善读无字之书，掌握书本上没有的知识。

阅读"有字之书"可以学习前人积累的知识、经验，并从中借鉴，避免走弯路；读"无字之书"可以了解现实，认识世界，并从"创造历史"的人那里学到书本上没有的知识。

徐渭、朱耷、吴昌硕等艺术大师，对于"有字之书"的精研都是齐白石所推崇的。但是善于体验生活的齐白石更重视"无字之书"，他的画之所以会栩栩如生，从而创造出独特不群的书画风貌，自成一家，正是他努力在现实生活中开拓艺术生涯的结果。

纵观齐白石一生的杰作，所展现出的是一幅幅栩栩如生的鱼虫，欣欣向荣的草木，刻意求工处恰如雕镂，粗犷豪放处犹如泼墨，真可谓是形神兼备。尤其是他的水墨画，更是别具一格，活灵活现，令人情不自禁地叫绝。但又有谁会知道纸上的画有多少画外之音呢！

以水墨画虾为例，为了能够将虾画好，齐白石对虾观察了无数遍。齐白石画的虾可谓是妇孺皆知，出神入化。他看虾、画虾已有几十年，可直到70岁时才觉得自己赶上了古人画虾的水平。他严谨的创作态度更表现在不看"无字之书"不肯下笔作画上。他的好友老舍在某年春节时，选了苏曼殊的四句诗请他作画。

诗中有一句"芭蕉叶卷抱秋花"，齐白石因对"芭蕉叶卷"没有亲见，当时又正好是北国的严冬，无实物可进行观察，他为了弄清楚芭蕉的卷叶到底是从右到左的，还是从左到右的，逢人便问，但是，很多人都没有进行过细心的观察，所以都不敢肯定是哪一个答案。

这个在别人看来似乎微不足道的原因使得他最后放弃了为老舍作"芭蕉叶卷"画。人们虽觉得迷惑，但他却认为这样做是正确的，之所以"不能大胆敢为也"，就是因为在现实生活中没有见过的原因。

和齐白石一样，著名的医药学家李时珍也是一个善读"无字之书"的人，他广博的医学知识就是在日常的生活实践中一点一滴地积累起来的。李时珍的父亲也是一名大夫，那时的山里人因劳动特别辛苦，腰肌劳损是种常见病，所以，父亲常常给这类病人炮制用白花蛇做主料的药酒。

李时珍当时特别好奇：为什么白花蛇的药效会有这么大呢？李时珍很虚心地向很多医生请教了这个问题，但没能得到满意的答复。

他决定到深山里去，亲自了解一下生活在野外的白花蛇的习性。但是他的想法马上遭到全家人的一致反对，他们说："白花蛇生活在深山里面，而且剧毒无比，万一有个闪失，可不是闹着玩儿的！"但忠于实践的李时珍并没有被困难给吓住，他一心想要把这个问题弄清楚。于是，执拗的李时珍还是向深山进发了。经打听，李时珍来到了龙峰山，这里是白花蛇的理想栖息地，他在山路上足足等了两天，才等到一个捕蛇人路过。

捕蛇人告诉李时珍说："我家世代都以捕蛇为生，但是没有一个能得善终，都是给蛇咬死的，特别是白花蛇，毒性特别大！"

听了捕蛇人的说法之后，李时珍并不感到害怕，而是告诉那位捕蛇人，为了减少天下人的病痛折磨，就是死于毒蛇之口，他也在所不惜。捕蛇人被李时珍这种不畏艰险的执着精神所感动，终于点头同意带他去找白花蛇了。

路上，李时珍向捕蛇人请教了许多关于白花蛇的问题，例如生活习性、特征和毒性等。捕蛇人见李时珍确实好学，就倾囊相授，把自己所知道的知识非常详细地讲给他听。虽然如此，但李时珍并不满足，他还是希望自己能够亲眼看看白花蛇。

两人在山里耐心地寻找着，一连好几天，他们连白花蛇的影子都没看到。捕蛇人泄气了，但李时珍毫不气馁，他有个坚定的念头，不亲眼看见白花蛇，决不出这座山。这一天，李时珍和捕蛇人又在龙峰山山腰间搜寻白花蛇。眼看着山顶云层聚拢，暴风雨马上就要来了，于是捕蛇人便催促李时珍，赶紧往回走。

捕蛇人走在前面，李时珍在后面跟着，两人正匆匆忙忙地赶路，突然李时珍"哎哟"叫了一声。捕蛇人回头一看，不由得大吃了一惊。原来有一条白花蛇缠住了李时珍的左腿，蛇头正被踩在脚底下！

捕蛇人赶紧来到李时珍身旁，费了好大的劲儿才把这条白花蛇给抓进蛇笼里。捕蛇人对李时珍说："如果不是你碰巧踩在蛇头上，今天你就没命了！"

这次深山之行，李时珍不但亲自考察了白花蛇的栖息环境，而且还亲手抓住了野生的白花蛇，他又接连走访了好几位捕蛇人，掌握了大量有关白花蛇的第一手资料。李时珍就是这样，凭着勇于实践和不断进取的精神，终于完成了划时代的医学巨著——《本草纲目》。如今这本巨著早已被翻译成多种语言，在国际医学界享有很高的声誉，我们不得不佩服李时珍"善读无字之书"的执着精神，让我们有幸看到医学巨著，并从中汲取营养，造福人类。

南宋著名爱国诗人陆游曾写诗对他的儿子进行劝勉道："古人学问无遗力，少壮工夫老始成。纸上得来终觉浅，绝知此事要躬行"。

一个人如果真的想要掌握有用的知识，那么他就不应当以学习书本上的知识为满足，而应当走向更加广阔的社会中去，把书上的知识运用到实际中去，在生活中验证你在书本上所学得的知识，一边读书一边实践，这样你才能在实践中积累丰富的知识。